科技期刊编辑探索

郑秀娟 著

石油工业出版社

内 容 提 要

本书介绍了科技期刊的基本功能、科技期刊编辑精神及其应具备的素养、科技论文的写作文法，并以实例阐述了科技期刊的办刊之道。

本书可供科技期刊及科技图书编辑与校对人员参考，对科技人员和青年学生了解科技期刊编辑、撰写和发表论文具有一定的参考价值。

图书在版编目（CIP）数据

科技期刊编辑探索/郑秀娟著．
北京：石油工业出版社，2013.6
ISBN 978-7-5021-9596-0

Ⅰ．科⋯
Ⅱ．郑⋯
Ⅲ．科技期刊-期刊编辑-研究
Ⅳ．G237.5

中国版本图书馆 CIP 数据核字（2013）第 105313 号

出版发行：石油工业出版社
　　　　　（北京安定门外安华里2区1号　100011）
　　　网　　址：www.petropub.com.cn
　　　编辑部：（010）64523544
　　　发行部：（010）64523620
经　　销：全国新华书店
印　　刷：保定彩虹印刷有限公司

2013年6月第1版　2013年6月第1次印刷
850×1168毫米　开本：1/32　印张：6.375
字数：146千字

定价：48.00元
（如出现印装质量问题，我社发行部负责调换）
版权所有，翻印必究

自　　序

  我是一位普普通通的科技期刊编辑，自1994年7月加入到科技期刊编辑队伍以来，已经在这个岗位上工作了近20年，此书即是一个科技期刊编辑所走过的路及工作中的一些感悟与思考。

  1994年夏季我准备调换工作时恰好有两条路可选：一是到华北石油管理局勘探开发研究院继续做地质科研工作，一是到华北石油管理局主办的《石油钻采工艺》编辑部当编辑。我考虑再三，决定还是到编辑部工作，这或许更符合我的性格。因为，编辑工作不仅和我以前从事的工作性质完全不同，而且期刊的内容又与我的专业有一定的差异，两者对我都具有一定的挑战性，但我相信自己能够胜任此工作。对编辑工作的好奇及渴望，让我很快就成了一名科技期刊编辑。

  刚进编辑部时，编辑部只有4名快退休的老同志，并且还没有电脑，编辑处于剪刀+浆糊的工作状态。于是我跟王霜梅师傅学习在纸样上画版，剪贴、抄写作者的稿件，计算每篇稿件的字数，需要排多少行、多少页，每张图占多少行、多少字位，应该摆放的版面位置。1995年开始，编辑部从其他单位借来一台被淘汰的计算机，我才开始了利用电脑处理作者来稿的工作，并逐渐摆脱了剪刀+浆糊的编辑工作流程，从而帮助编辑部提高了工作效率。

  工作了两三年之后，我感到自己的知识面需要拓宽，不是专业，专业知识已经在边编辑边学习中得到了提高，而是编辑学方面应该学习提高。于是我就找机会出去学习培训。零碎的学习机会没有满足我对编辑学知识的渴求，既然当了编辑，就要系统地了解编辑学到底是什么，怎样才能当好编辑。于是我就盼望能有机会进行系统学习。终于有一天在《新闻出版报》上看到了一条招生简章，河南大学与北京印刷学院联合招生在职编辑学研究生。那时是1999年，我已经是一个3岁孩子的母亲。经和爱人商量后，便报名参加了汉语言文字学的硕士研究生学习，研究方向是编辑学，是所谓的"宽进严出"的同等学历。当时给我们上课的除了科技期刊界的陈浩元、李兴昌等老师外，还有河南大学的几位编辑界大家，王振铎、张如法与恩师宋应离等。辛辛苦苦两年学下来，积累了一大堆编辑学的图书与资料。通过了国家的同等学历英语考试后，撰写了硕士论文《新时期女性期刊研究》，在2001年冬天，我便和上一届的学长们一起答辩，提前一年拿到了汉语言文字学硕士学位。

两年的系统学习与培训，我的编辑理论水平大有提高，眼前豁然开朗了，在实践中逐渐用到了学到的理论，感到工作顺手多了，这时的我觉得专业又该学习了。知识的更新换代太快，我原来的知识已经有些老化了。于是，2002年夏天我便考上了中国地质大学（北京）的统招博士生。此后有3年的时间，我成了彻头彻尾的学生，和同学一起住宿舍、背书包上课、吃食堂，把家和孩子完全丢给爱人照管，逍遥自在地在北京读了3年书。

应该说，3年的博士生学习生活没有虚度，我深知学习机会得来不易，并且知道自己的责任，因此可以算是学习最刻苦的学生之一。学校要求博士生3年要修15个学分，毕业时我竟然得到了29个学分。我不仅去听所有能够有时间去听的感兴趣的课，还尽可能地写学习报告，查资料，巩固知识，扩大自己的知识领域，弥补我多年来没有真正从事地质学研究的不足。不仅如此，我还是导师手下看岩心最多的学生之一，参加过多个项目的岩心观察工作。地质研究是相对艰苦的工作，看岩心尤其需要吃苦，需要把每块几斤重的石头用水冲洗后，拿在手里反反复复地观察，然后再把看到的现象画下来，并且用地质科学语言进行详细地描述。同时我还两次去新疆塔里木盆地进行野外地质考察，在此过程中也体验到沙漠风情，欣赏了祖国河山的美丽风光。

2005年夏天，在我的大学生活（从1985年考入大学时算起，到2005年博士毕业）结束之时，又面临着是搞科研还是做编辑的选择。毫不夸张地说，做科研我不比别人差，而且因为有编辑工作的底子，严谨认真方面比一般人都略高一畴。在经过一番思想斗争之后，考虑到自己更喜欢编辑工作，于是又加入到了科技期刊编辑的队伍。当时很多同学和朋友都觉着我做编辑有点屈才：一个有实际工作经验的优秀博士毕业生，去从事被别人认为是改错别字、替人做嫁衣的工作，是人才的浪费，劝我还是回到石油企业再搞科研工作可能更好。但我没有动摇，毅然决然地到《古地理学报》编辑部成了一名期刊编辑。

其实编辑队伍中的博士数不胜数，尤其是在学报类或在北京的学术期刊编辑部。

相信，科技期刊编辑队伍中和我有相似经历的人很多，有学科交叉背景的人也绝对不是少数。我的硕士同学原来很多都是学理工农医等专业出身,因为加入到了编辑队伍,便学习了编辑学,后来也不仅仅我一个人读了博士,有的同学还继续学习编辑学,攻读了编辑学的博士。中国的科技期刊编辑的水平不是像有些人说的那样,是些只会挑错字和改格式的编辑匠。而是可以分辨出所编辑文稿的学术水平、找出文稿存在的学术问题,懂得如何引导作者把文章写得更到位,或是提醒作者进一步把科研工作做得更到家的编辑家。科技期刊编辑可能做不成某一学科的顶级专家,但在科研领域具有一定的学术鉴赏能力的人比比皆是。

目前,中国的科技期刊编辑,只要具有专业知识背景的人,就一定能够做好科研工作,但能干好科研工作的科研人员,并不一定能做得了编辑。科技期刊编辑,同样是科技创新团队中不可缺少的一支生力军,是一支不可忽视的科技创新力量。

如今,我又在科技期刊编辑岗位上工作了7年多时间,不是感到自己的知识够用了,而是觉着这个行业的水越来越深了。编辑是一个活到老、学到老的职业,而且永远有一个更新的知识领域等着你去学习与了解,因为编辑需要随着科技的不断发展而不断充实自己、提高自己,从而更好地完成对于科技知识的筛选与积淀。

这是我从事科技期刊编辑工作近20年来的一个阶段思索,得到过许多朋友与老师的帮助与指导,尤其是我的硕士导师宋应离教授和博士导师于兴河教授,都是促成我写此书的最直接动力;冯增昭教授是我博士毕业后所从事期刊的主编,从多个方面激励我完成此书。河南大学宋应离教授和南通师范大学钱荣贵教授审阅了初稿,提出了结构调整等方面的合理建议和意见，因此书稿较初稿有较大规模的调整、补充与修改；我爱人王彦卿和侄女郑娜阅读了初稿，帮助修正了部分文字失误。感谢石油工业出版社的责任编辑马新福老师、责任校对廉存芳老师和封面设计赛维玉老师为本书的出版所付出的辛劳与汗水。感谢中国矿物岩石地球学会岩相古地理专业委员会为本书的出版提供经费资助。还有许多人值得感谢，在此不再一一列举。感谢所有帮助与支持我前进的朋友和亲人。更欢迎大家提出批评与建议，以便激励我更好地进步。

此书即将付梓之际，恰逢我的恩师、河南大学的宋应离教授八十华诞，特将此书作为小礼奉上，感谢宋老师对我的指导与引路，更感谢他对我在业务学习与工作上的关心与督促。祝福宋老师身体康健、寿比南山！

郑秀娟

2013年1月于北京

目 录

第一章 科技期刊的功能 …………………………………… 1
  一、概述 ……………………………………………………… 1
  二、科技期刊的功能 ………………………………………… 8
  三、科技期刊级别的界定 …………………………………… 15
  参考文献 ……………………………………………………… 17

第二章 科技期刊编辑 ………………………………………… 19
  一、概述 ……………………………………………………… 19
  二、科技期刊编辑修养 ……………………………………… 21
  三、科技期刊编辑精神 ……………………………………… 26
  四、科技期刊编辑应用写作 ………………………………… 32
  五、科技期刊编辑、作者和读者之间的关系 ……………… 36
  参考文献 ……………………………………………………… 46

第三章 科技期刊编辑之思索 ………………………………… 48
  一、科技期刊编辑学研究内容 ……………………………… 48
  二、中国与西方科技期刊编辑对比分析 …………………… 54
  三、科技期刊编辑探究 ……………………………………… 68
  参考文献 ……………………………………………………… 86

第四章 科技期刊个案探索 …………………………………… 91
  一、《古地理学报》的办刊之道 …………………………… 91
  二、《古地理学报》实名制审稿的得与失 ………………… 98
  三、《古地理学报》前10年载文分析 ……………………… 103

四、《古地理学报》的办刊方向思考 …………… 112
参考文献 …………………………………………… 117
第五章 科技论文写作方法 ………………………… 119
一、科技论文选题 ………………………………… 119
二、科技论文的撰写方法 ………………………… 124
三、科技论文中的图表种类及其功能 …………… 134
四、科技写作中数字表达的探讨 ………………… 143
五、科技论文发表应注意的事项 ………………… 147
参考文献 …………………………………………… 151
附录 其他期刊研究内容 …………………………… 153
一、妇女期刊 ……………………………………… 153
二、科普期刊思考 ………………………………… 181
参考文献 …………………………………………… 188
后记 …………………………………………………… 191

第一章 科技期刊的功能

一个国家的科技期刊出版状况,是衡量该国科学技术和经济文化及教育发展水平的重要标志之一;对科技期刊的社会功能及其地位与作用的认识水平,在相当程度上反映着该国知识界、编辑出版人员和国家行政管理人员自身的认识水平与知识水平;一个国家科技期刊事业的发展与繁荣程度,是该国科技综合实力的主要表现之一。为科技期刊的出版创造良好的经济环境与文化环境,有效地组织好科技期刊的出版,促进科学研究、教育、经济和社会文化的发展,几乎是一切发达国家的共识(周平,1993)。我国的科技期刊事业,和当前的经济发展与科技综合实力一样,处于蓬勃发展和欣欣向荣的历史阶段。因此,作为科技期刊编辑就有着大显身手的机会,当然,也面临着许许多多的机遇与挑战。因此,在办好科技期刊的同时,也需要对此有一些思考与探索。到底什么是科技期刊,科技期刊有哪些功能与作用,这是首先要解决的问题。

一、概述

由国家科学技术委员会、新闻出版署共同制定的《科学技术期刊管理办法》总则指出:科学技术期刊是指具有固定刊名、刊期、年卷或年月顺序编号、印刷成册、以报道科学技术为主要内容的连续出版物。科学技术期刊出版工作是国家科学技术工作和出版工作的重要组成部分。其主要任务是宣传党和国家的科技方针政策和科技法律法规，公布新的科技成就，传播科技信息，交流学术思想，促进科技成果商品化、产业化，为社会主义精神文明与物质文明服务（国家科委科技情报司，1991）。

可见，科学技术期刊不仅具有普通出版物的属性，还有其特殊性，因为它是科学技术工作的重要组成部分，在一定程度上代表着一个国家科学技术的发展水平和科技创新能力。与普通出版物对比，其主要特点有：

（1）科学性是其最主要、也是最明显的特点。科技期刊提供的信息应是科学研究最前沿的知识及讯息，其中，学术性期刊更强调发表文章中资料的原始性，文章观点要有创新性、探索性、突破性，立论科学、论据充分、预见准确，能够代表学科发展前沿，在某种程度上要体现超前意识；技术性期刊发表的文章在材料、设备、工艺、操作等方面的发明、发现、分析、探讨、技术改造、设想等技术内容上有先进性和适用性，同时写作上要求应有新论点、新认识、新发明、新方法等。科普类期刊内容要求科学健康，思想性强，知识面广，内涵深蕴，且通俗易懂，体裁新颖（新闻出版总署教育培训中心，2008）。

（2）报道面相对较窄。除了科普期刊有综合性的科学知识外，一般限定于科学技术研究的一个特定领域，必须围绕该领域的科技发展与科学技术进步、发展趋势来选题、策划和组稿，内容专一、稳定。

（3）作者面相对较窄。主要是从事某一特定领域内科技工作及科技管理工作的专家、学者和技术人员，或是该领域的教师及研究生，也不排除具有创新思维和观点的本科生。

(4)读者群相对稳定。报道内容的专一性,决定了其读者都是从事一定行业工作的科研工作者以及与该行业有关的从事科研、教学工作的教师和学生。当然,随着学科交叉与相互融合,相关学科与相近学科的专家、学者、学生也是潜在读者或是读者发展对象。

(5)作者与读者往往相互交融。期刊的作者也是期刊的忠实读者,而读者又会成长为作者。对于作者与读者而言,期刊都是他们学习与交流、研讨的科研阵地之一。

科技期刊的办刊目的主要是:普及科学技术,促进科学技术发展,培养人才,造就人才。科学技术要为国民经济发展服务,要解决生产建设中迫切需要解决的科学技术问题,要建立科技创新观点发表与讨论的友好平台,这是第一位的。因此,科技期刊在报道计划内容的安排上,不论是长远的还是近期的,基础的或应用的,都要明确这一目标。既要报道有利于解决当前生产问题的科研成果,也要刊登对当前生产虽不十分迫切,但能为生产发展开辟新途径、提供新观点、拓宽新思路的文章。

科技期刊在信息传播中,在很大程度上吸收了图书和报纸两者之长,又避开两者的不足。与图书相比,它具有连续性,而且出版周期短,能够快速得到传播;与报纸比,版面多,可以进行专业的深度报道。它是信息交流发展到一定阶段的必然产物(王立名,1999)。

1. 科技期刊类型划分

按内容分,科技期刊一般分为五大类(国家科学技术委员会和新闻出版署,1991):综合性期刊、学术性期刊、技术性期刊、检索性期刊、科普性期刊。综合性期刊以刊登党和国家的科技方针、政策和科技法律法规、科技发展动态和科技管理为主要内容；学术性期刊以刊登研究报告、学术论文、综合评述为主要内容；技术性期刊以刊登新的技术、工艺、设计、设备、材料为主要内容；检索性期刊以刊登对原始科技文献经过加工、浓缩，按照一定的著录规则编辑而成的目录、文摘、索引为主要内容；科普性期刊以刊登科普知识为主要内容。

按主管部门划分则有全国性期刊和地方性期刊。全国性期刊是指国务院所属部门、中国科学院、各民主党派和全国性人民团体主管的期刊。地方性期刊是指各省、自治区、直辖市各委、厅、局主管的期刊。当然，这种划分方法主要是管理上的需要，其区别只限在主管部门的不同上，不反映期刊和论文的质量与水平。

按出版周期划分则有年刊、半年刊、季刊、双月刊、月刊、半月刊、周刊。在我国，年刊一般是年鉴类，半年刊在科技期刊中也很少见，最多见的是双月刊和月刊。就目前的科技期刊发展状况来看，多数期刊有从长周期出版向短周期出版过渡的趋势，这主要是和科技发展越来越快、论文产出率增快、从而要求信息传播速度加快有一定的内在关系。

科技期刊的分类是为科技期刊服务于社会及科技人员服务的，一般情况下，科研工作人员关注的是期刊的刊登内容与出版周期，也就是关注于是综合性期刊还是学术性、技术性或检索性、科普性期刊，刊登内容是否和文稿相符，文章发表的时滞多长，这对科研人员发表文章时选择期刊至关重要。

2. 科技期刊的质量

科技期刊的质量要求包括政治要求、内容要求、编辑要求和出版要求4个方面。综合性期刊、学术性期刊、技术性期刊、检索性期刊和科普性期刊在政治要求、编辑要求和印刷要求基本上一致，但在内容要求上各有侧重（新闻出版总署教育培训中心，2008）：综合性期刊选题面向社会的经济建设，提出的观点针对性强，在当前与长远、应用与储备方面对科研、管理、生产和社会进步有指导作用；学术类期刊能够反映国内学术水平，有创新性、探索性，立论科学、论据充分、预见准确，有较高的学术价值；技术类期刊在材料、设备、工艺、操作方面的发明、发现、分析、探讨、技术改造、设想等技术内容上具有先进性和适用性；科普类期刊内容科学健康，思想性强，知识面广，内涵深蕴，且通俗易懂，体裁新颖。不同类型期刊的编辑，在工作中要多加注意，更好地服务于作者和读者。

1）政治要求

坚持"一个中心，两个基本点"的基本路线，坚持"科学技术必须面向经济建设"的方针；认真贯彻和体现国家有关科学技术和出版方面的政策、法令、条例；正确执行有关保密、版权、专利、国界等项规定；在学术上要认真贯彻执行"百花齐放，百家争鸣"的方针，坚持辩证唯物主义和历史唯物主义；积极倡导社会主义科技道德、编辑道德，重视社会主义精神文明建设；在注重社会效益（包括潜在效益）的前提下，不断努力提高经济效益（新闻出版总署教育培训中心，2008）。

2）内容要求

反映科学技术水平和发展动向，及时报道本学科重大科研成果和科研进展，代表学科发展前沿，有超前意识。科技期刊的质量主要包括信息量大小、传播效率和适应社会规范程度。

（1）信息量作为一个科学概念是1948年信息论创始人申

农（Shannon C. E.）首先提出的，他认为：信息量等于被消除的"不定性的数量"，是受信人受信后对问题的"两次不定性之差"（王雨田，1986）。信息量的大小不能单纯依据信息本身，还要依据受信者对信息的需要、理解和接受的程度，要把两者有机地结合起来，才能正确地估算出其份量。据此，信息量大的科技期刊具有3个特点：一是科技期刊提供的信息应该是读者未知的。学术期刊要强调学科观点的原始性，有创新、有突破，代表学科发展的前沿，要有超前意识；技术性期刊应有新论点、新认识、新创造、新发明、新方法等，为读者提供新的视角与新的思路，能够启迪读者的灵感。二是科技期刊提供的信息应是读者想要知道或是急需了解的。期刊要充分了解自己的读者群，强调内容要有针对性，找好自己的位置，办出自己的特色。三是科技期刊要突出主要信息。期刊要强调发表重大科研成果，文章的主题要突出，论点要鲜明，文字要精练。

（2）科技期刊的信息传播与一般信息传播一样，要求准确性、同型性、有效性。准确性就是要求信源发出的信息要客观、真实、精确。同型性就是要尽量消除传播过程中可能发生的干扰和失真，使信源发出的信息同受信者收到的信息在含义上完全一致。有效性即真正实现传播的目的，把信息传送给信息的需要者，并且能够使他们顺利地理解、接受和应用，发挥信息的效益（王立名，1999）。科技期刊传播的质量当然离不开传播的内容，同时也离不开期刊的外观。好的期刊封面设计也是期刊质量及期刊有效传播的重要方面之一。

（3）社会规范的适应程度。科技期刊工作是整个社会科技活动的一个组成部分，它必须在总的社会目的的要求和社会规范的制约下进行（王立名，1999）。科技期刊能否适应社会规范的共同要求，是构成期刊质量的前提性因素。科技期刊要贯彻执行国家的科学工作和出版工作的各项方针政策，坚持辩证唯物主义的指导原则和学术上的"双百"方针，依据法律正确处理自身内容以及与其他社会活动之间和国际之间的矛盾关系（王立名，1999）。

（4）努力增强在国际上的学术地位和影响（新闻出版总署教育培训中心，2008）。2012年12月26日，清华大学图书馆、中国学术期刊（光盘版）电子杂志社和中国科学文献计量评价研究中心共同发布了一套数据——2012中国最具国际影响力学术期刊，从3533种科技期刊中评出了150种2012年中国最具国际影响力学术期刊和150种2012年中国国际影响力优秀学术期刊。这300种期刊的总被引频次占全部备选期刊总被引频次的40.5%，表明这些期刊具有显著的先进性和代表性。在这300种期刊中，非美国《科学引文索引》（*Science Citation Index*，简称SCI）收录的期刊占82%，但已经进入SCI的期刊有23种并没有进入其中。另外据Web of Science（WOS）和Journal Citation Reports（JCR）报告分析，非SCI收录的期刊的总被引频次和影响因子，高于1239种SCI收录的国际期刊，说明我国已有数百种科技期刊实际已经具有相当的国际影响力（引自《2012中国最具国际影响力学术期刊》编制说明）。

3）编辑要求

能从作品中把具有潜在价值和超前价值的学术、技术信息用读者最易接受的形式表现出来；选题配置得当，栏目设计合理，体例一致；根据学科发展情况和读者需要提出近期、中期、远期报道计划；确保学术上无误，数据、公式、反应式、结构式等正确真实；文章层次分明，结构严谨，条理清晰，逻辑性强，文字精练，标点符号、数字使用正确；贯彻执行国家有关出版标准，学科专业名词和术语统一、标准、规范；超过3000字的文章应该有摘要，并标明关键词，年终一期应附年度题录索引；每篇文章后应标明稿件收到日期或是稿件修订后收到的日期，力求缩短出版周期（新闻出版总署教育培训中心，2008）。

4）出版要求

版式设计科学、规范、合理、美观，符合国家已有标准要求；布局协调，字型考究，体例统一，倒转排少，版权、目次页内容符合标准，出版周期短，错字率低；四封庄重、富有特色，印刷精良，质地良好，著录项目齐全；印刷清晰，墨色浓淡相宜、均匀、无污迹，照片强弱反差适度，层次分明；印刷装订无差错，装订整齐、规范、坚固；裁切整齐，无缺、损、倒、联、白页（新闻出版总署教育培训中心，2008）。

二、科技期刊的功能

科技信息传播的方式多种多样，以科学文献为基础的科技期刊，一直被认为是一种最重要、最有效的传播方式。现在无论是科学研究还是经济生产，其信息源70%以上来自科技期刊，有的学科领域则高达90%以上（王立名，1999）。

科学技术是推动人类历史向前发展的主要源动力之一。科技期刊是为科学技术服务的，因而现代科学技术的发展影响着科技期刊的发展，而科技期刊的发展又反过来推动与促进科学技术的发展。科技期刊是普及和提高科学技术知识、推广科学技术成果、探讨学术问题、促进科学繁荣、培养提高科技队伍素质的有力工具之一，做好科技期刊的出版工作，对加速实现四个现代化（工业现代化、农业现代化、国防现代化、科学技术现代化）、尤其是促进科学技术现代化、提高整个民族科学文化水平有着重要意义，对于强国兴邦、实现中国梦具有不可推卸的责任。科技期刊作为科技史资将要传之后人，影响深远，它的主要功能有（图1-1）：（1）政策宣传阵地；（2）科技文献宝库；（3）科技讨论园地；（4）开放的大学；（5）国际交流工具；（6）桥梁和中介。

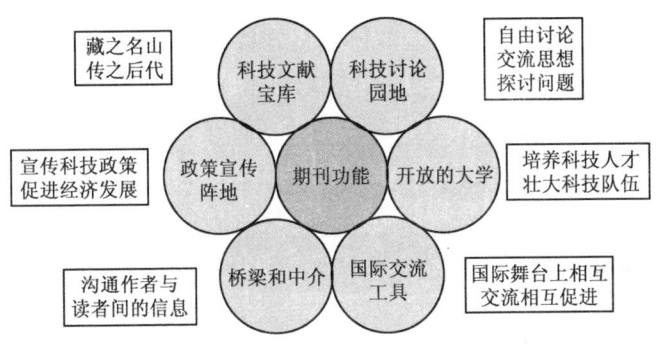

图1-1 科技期刊的社会功能

1. 宣传国家科技政策的重要阵地

科技期刊是反映党和国家有关科技工作方针政策的重要阵地之一，是科技工作的一个重要组成部分，发表的文章必须体现国家对科学技术的指导方针，体现科技工作为国民经济发展服务的基本原则。

宣传国家科技政策类的文章，一般发表在综合性科技期刊上。政策性的文章，应严格掌握党和国家的政策、法律、法规，在立题、论证、结论及建议等方面，做到宣传、贯彻党和国家现行的各项政策，不能歪曲、误解与违背国家科技政策。

国家科技政策的范围很广，涉及的各类政策法规条款也很多，要求编辑要有敏感的政策法规嗅觉，能够全方位地洞察到科技政策的动向，及时地向广大科技工作者进行有效地传播。一般来讲，国家科技政策可能存在于以下几种信息源之中：一是宪法、法律中的有关条款（含最高人民法院相关司法解释），二是法规（含国务院有关文件），三是规章及规范性文件。

期刊出版工作法律法规很多，仅《期刊出版工作法律法规选编》（第二版）（新闻出版总署教育培训中心，2008）选到的内容就有65万字之多，要求科技工作者去学习那么多的法律法规也不现实，这时我们的期刊便有了用武之地，可以从中挑选相关重要内容，进行解释与论证，形象生动地向广大科技工作者做好宣传，以保护科技工作者的个人利益和我们的国家利益不受影响。可见，作为综合性的科技期刊，宣传国家科技政策不仅是一个重要阵地，而且也是任重而道远的事业。

2. 传播科技知识的有力工具

科技知识传播与交流的方式很多，在如今的多媒体时代，可能说是为科技的传播提供了立体渠道。但科技知识不是快餐，因而需要专家学者精心准备，需要读者静心阅读与研究，可见在消息传播有抛弃印刷模式倾向的今天，科技知识的传播则必定依旧以印刷载体为主。在科技知识传播中的印刷载体主要是指科技期刊、科技图书和科技报纸（王立名，1999）。

科技图书的内容一般是论点已经成熟的经过多次传播而定型的内容，一般而言系统性较强，是综合科技信息的重要手段，更是培养教育新一代人才不可替代的工具。但它出版周期长，内容易于老化，时效性差，尤其是在科技信息瞬息万变的当今时代，科技图书模式远远不能满足于人们对于科技知识了解的需要，因此也就大大削弱了图书作为信息源和信息传播手段的作用。

报纸在印刷载体中是最方便快捷的消息传播方式，它讲求新闻性和时效性，但主要任务是传播消息，对于复杂的科学技术问题，报纸无法作详尽地报道，尽管当代报纸也有向期刊发展的趋势，少则十几版，多则几十版，对科技问题也做深度报道，但因其出版周期太短，不会像期刊那样还需要有出版前的学术审读与多次校对与审核，准确性与科学性在一定程度上存在缺陷，因此，报纸可以提供科技信息线索，而在一般情况下，无法作为直接的具有完整意义的科技信息源。因而，科技知识的传播与交流不能依靠科技报纸来完成。

科技期刊出现在科技图书和科技报纸之后，它在信息传播中很大程度上吸收了图书和报纸两者之长，又避开了两者的不足（王立名，1999）。科技期刊的产生和发展是社会发展和新科技进步的历史产物，作为一种科技信息源和传播工具，在各种形式的传播工具中具有很大的优势，从而进一步地在传播科技知识中促进与加快了科技水平的进一步提高与发展。

科技期刊是开展国际学术交流的有力工具之一，在国际交流中也起着积极的推进作用。科技期刊通过刊登中外科学家的不同文稿，通过对外发行与推广，在科技界起到走出去、迎进来的作用。它既能宣传我国的科研成果，又可以吸收国外的先进科学技术为我所用。

3. 促进社会生产力发展的助推器

科技期刊是科学技术与知识转化为生产力的中间环节。在科学技术与知识转化为生产力的过程中，科技期刊起桥梁和中介作用。通过科技期刊的广泛传播，科学知识与生产技术可以成为推动科学研究与生产发展的强大动力。科技期刊本质上是人的脑力劳动创造的智力成果，属于精神产品范畴，其使用价值能够产生巨大的社会效益（王立名，1999）。科技期刊的使用价值主要是由其智力成果部分的思想性、独创性、知识性等社会属性决定的，构成宝贵的社会精神财富，其效益具有积累性、社会性，是长期的、难以精确计算的，其智力成果创造的价值在售后通过期刊的社会效益实现，是公益的，无偿的。

科技期刊促进社会生产力发展的事例可以说处处可见，举不胜举。例如，《古地理学报》2007年第4期上发表的包洪平等的文章《同沉积期火山作用对鄂尔多斯盆地上古生界砂岩储层形成的意义》中的相关地质认识，对鄂尔多斯盆地古生界的天然气勘探及发现并探明苏里格特大型气田起到了重要指导作用，获中国石油天然气集团公司特等奖、国家科技进步一等奖。

4. 科技信息的储存库

科技期刊是宝贵的科技文献。科技期刊记载多种多样的科学事实、数据、理论、技术、方法、操作经验、构思和假设等资料，它反映生产技术的发展，科研现状与水平，科技人员的创新思路发展历程与轨迹。它可以使科研、生产和教学人员开阔眼界、启发思路、提高技术操作经验和理论水平，从而更好地解决科研、教学和生产实践中的问题。科技期刊是科学宝库的珍藏，起到"藏之名山，传之后代"的作用。

科技期刊是开展科学研究工作的重要基础之一。我国著名科学家卢嘉锡先生曾形象地把期刊出版工作比作科学研究工作的龙头与龙尾。在科研人员的一生中，无论是研究、写作、教学，还是自我教育，都离不开科技期刊的作用。自然科学与生产技术的新成果、新发现，社会科学中的新思想、新观点，一般都首先在期刊上发表，引起讨论。据统计，科研人员获取情报知识的70%来自科技期刊。

当然，如今人们获得科技信息的渠道越来越多，尤其是电子手段更成为人们便利与迅捷获取各种知识的方式，但不能否认，网络上的东西尽管可以传播，但科技知识与信息还是经过期刊编辑整合后更为科学、准确、系统与翔实，更具有可信度。因此，科技期刊的科技信息储存功能更为重要。此外，与图书相比，科技期刊对同类信息更具有整合性与综合性的特点，信息更为集中，便于科技工作者对于同类信息的查阅与学习，而且从期刊上，还可以看出某一科技发展的较为详尽的历史过程，为科技工作者提供更多的相关史料信息。

5. 发现培养科技人才的苗圃

科技期刊是科技工作者自由讨论科技观点和学术思想的园地。利用科技期刊这个平台，科技工作者可以充分地交流科研成果和生产经验，沟通、探讨与交流学术思想，从而拓宽思路，发现与跟踪新的理论，研究新的方法。

科技期刊是发现和培养科技创新人才的"大学"。现在各种新技术、新成果如雨后春笋般不断涌现，科技期刊能够定期为广大科技工作者输送新知识和新技术，可以起到函授大学的作用。科技期刊在文稿的筛选与审理过程中，通过支持和帮助有见识的文稿作者，可以发掘和培养人才，从而壮大科学家的队伍。

1979年一位貌不惊人30来岁的中学物理老师，就因为在《自然杂志》刊登了一篇文章，一年后被调入上海师范大学，成为物理学部的教授。他就是张明生。张明生后来又担任过上海市教育局副局长、市教委副主任，现任中国教育协会副会长、上海市教育学会会长（米艾尼，2008）。

"《自然杂志》上的那篇稿子，改变了我后来的人生，不过幸运的也不是我一个。"张明生说（米艾尼，2008）。当时有一大批杰出的年轻人，因在科普期刊和学术期刊上发表文章而脱颖而出，成长为中国一个时代的科技栋梁。

在《〈学艺〉和〈科学〉扶持华罗庚典型个案研究》（亢小玉，姚远，2011）一文中，作者向我们讲述了科技期刊是怎么发现了著名数学家华罗庚的故事。当初在期刊上发表文章时，华罗庚仅仅是江苏金坛中学庶务会计，就因为其"追根究底的探索精神和诚恳求实的风格受到了当时清华大学数学系主任熊庆来的青睐"，才成了著名数学家。

除了上述典型的案例外，类似的佳话举不胜举。

科技期刊一定要多发表年轻人的文章，培养与发现人才，因为期刊是一所大学，在科研、教学人员和一般读者的知识更新过程中，科技期刊发挥着特殊作用，是读者接受终身教育的最好老师，在函授和教学辅导中也有不可缺少的作用。期刊还可以在引导读者确定研究方向上发挥影响力。

6. 沟通作者与读者间信息的桥梁和中介

科技期刊不仅是发表科技文章，为读者提供科技信息，而且还具有重要的沟通作者与读者的作用，是科技工作者之间沟通信息的桥梁与中介。一般科技期刊，要求有作者的联系地址及电话、邮箱，读者如果想联系该文章的作者，完全可以从期刊上获得相关信息；如果时间久了作者的信息发生变更，读者联系不到作者时，可以通过期刊编辑部，由编辑帮助联系到作者。这个作用，对于科技工作者有时是至关重要的，因为科技信息的沟通，可能会有助于一个学术问题的解决与突破，科技工作者之间的沟通与交流，往往会产生科技思想的火花，成为促进科技发展不可缺少的重要一环。

随着时代的发展，每个期刊都建有自己的作者库与读者库，并且编辑部的网站都具有留言作用，读者可以通过期刊的网站，联系到想咨询的专家与学者，这无疑又为读者打开了一扇方便之门。因此，不能小看科技期刊的这种桥梁与中介作用。

三、科技期刊级别的界定

我国的科技期刊创办模式，采用的是审批制度，要求期刊一定要有主办单位和主管单位，主办单位是主编的任免单位，对期刊的办刊进行人力、物力、财务方方面面的支持；主管单位一般是指办刊单位的上级单位，对期刊的办刊方向与政治倾向负责。创刊之初，政府部门并没有给期刊定位与分级。但是，多年以来，很多科研部门和单位出于科技管理工作评定的需要，几乎都在试图或已经给科技期刊分级，而且，社会上关于科技期刊分级的做法和结果也五花八门，标准不一，有时候完全是根据单位领导的意图在"做文章"，视单位论文发表情况而定。同一种期刊，在 A 单位是一级期刊，评定职称时算数，而且打分很高；在 B 单位是三级期刊，评定职称时打分很低，甚至是不算数。

社会上给科技期刊评定级别，主要是利用期刊的级别来评定在其上发表文章科技人员的论文水平，从而为评定职称或是考核专业技术人员的业绩提供参考，岂不知科技期刊的水平不能够代替期刊所登刊的每篇文章的水平，因为期刊上文章的水平不可能是相同的，肯定会是参差不齐，甚至同一期中的文章也会大相径庭。同一本期刊，有的文章观点鲜明，可能被引用多次，甚至可以到几十次；而有的文章因为是滥竽充数，可能会是零引用，永远无人问津，成为"文化垃圾"。显然，这样的两篇文章水平是不一样的，对社会影响及其产生的效益也是不同的。所以简单地以刊评文是不科学的，是误国误民的不合理科技评价方式！

尽管国家新闻出版署多次重申科技期刊没有级别高低，只有公开出版和内部资料之分，但社会上始终想把期刊分出三六九等。很多人把主办单位的级别当成了期刊的级别，认为由中央部委及中国科学院等主办的期刊是国家级的，而省市地方主办的期刊为省级，人为地把期刊的主办单位与期刊的学术水平挂钩，造成期刊界的一片混乱。为此，2002年，国家新闻出版总署报刊司又进一步就期刊分级问题进行了统一答复：第一，新闻出版总署从未就学术水平的高低为期刊划分过级别；第二，目前一些省、自治区、直辖市关于期刊的评比分级，是地方新闻出版管理部门就本地期刊的出版质量进行的一种评价，不能完全用以衡量期刊的学术水平……第五，新闻出版总署近几年举办过国家期刊奖、全国百种重点社科期刊奖、中国期刊方阵等期刊方面的评奖活动，不能认为获得这些奖项的期刊中的学术文章质量就是高的，不能作为评职称时入选论文的依据。

这是迄今为止政府职能部门最为权威和最新的意见。

其实大家也都知道,期刊的水平,并不代表上面所发表的每篇文章的水平,文章水平的高低,完全可以去找学科内的专家来评定,也可以参考网上的引用率和下载率来衡量,已经没有必要简单地以期刊的水平来代替文章的水平了。目前网络如此发达,通过网络查找与核实文章水平,比原来武断地"以刊代评"的方法要更符合事实,网络上的客观数据也很能说明问题。当然,文章学术水平的最终评价,还应该以同行专家的评议更为重要,多方综合起来,才会代表文章的综合评价水平。期刊的水平,应该严格按照期刊评价标准《科学技术期刊质量评估标准》(新闻出版总署教育培训中心,2008)执行。

让科技期刊按照自己的规律发展,期刊只有办得好与不好,发表文章的学术水平高与不高,没有级别高低。

随着社会的发展,应该说,给科技期刊人为划定级别的时代应该过去了。

参 考 文 献

国家科学技术委员会,新闻出版署. 1991. 科学技术期刊管理办法[J]. 编辑学报, 3(3): 183.

亢小玉, 姚远. 2011.《学艺》和《科学》扶持华罗庚典型个案研究[M]//宋应离编撰. 名刊·名编·名人. 郑州: 大象出版社: 15-22.

龙协涛. 2011. 十年磨剑更磨人——我当《北京大学学报》主编十年的体会[M]//宋应离编撰. 名刊·名编·名人. 郑州: 大象出版社: 260-267.

米艾尼. 2008. 一本科普杂志的30年"怪现象"[J]. 瞭望东方周刊.

王立名. 1999. 科学技术期刊编辑教程 [M]. 北京：人民军医出版社：7-22.

王雨田. 1986. 控制论·信息论·系统论与哲学 [M]. 北京：中国人民大学出版社：284-286.

新闻出版总署教育培训中心. 2008. 期刊出版工作法律法规选编（第二版）[M]. 北京：中国大百科全书出版社：577-608.

周平. 1993. 深化改革为进一步繁荣我国的科技期刊出版事业努力奋斗 [J]. 编辑学报，5（2）：63-64.

第二章 科技期刊编辑

一、概述

期刊编辑和期刊编辑工作，是要尽可能地使科技期刊成为引导和教育人民提高科技素养、积淀科学知识、积累科研资料和传播科学文化知识、为人民提供精神文化食粮的阵地。科技期刊编辑工作的最主要任务之一就是为人类社会提供科技精神食粮，丰富和活跃人民群众的科技文化生活，使人类的科技知识得到广泛传播与传承。科技期刊编辑要像蜜蜂发现花朵那样去寻找科技文化产品最初的生产者——作者，从而才能发现作者及其科研成果，选择具有创新性的内容使其成文稿，然后再把选择出的文稿一审再审，把作者的文稿精雕细刻，去粗取精，去伪存真，做到图件精美、表格准确、文字简洁，最后编辑成对社会和人民有益的科学知识期刊。刘少奇同志在《关于作家的修养等问题》中说："编辑工作是一种高级创作。因为他要看作家的作品，鉴别作品，因此这个工作本身就是创作。"就科技期刊而言，如果没有科技期刊编辑和他们的工作，作者科研成果的一篇篇文稿不可能自己集结成有机的、整合化一的期刊。正如蜜蜂如果不去采花酿蜜，世界也就不会有蜂蜜一样。科技期刊编辑工作也是人才勘探工作、育花工作。科技期刊编辑和科技期刊编辑工作，要通过期刊培养造就现代化建设所需要的各种人才，要团结和组织各方面的专家、学者

（包括不同的学派、不同的流派），并要注意发现和培养新生力量。自从有科技期刊以来，一代又一代的科技人才，都得到各种科技期刊的培育，从科技期刊中吸取过丰富的营养。在这些营养中，就有科技期刊编辑的创造性劳动。许多专家、学者正是在期刊编辑的鼓励和帮助下成长起来的。科技期刊编辑和科技期刊编辑工作的社会作用不可忽视。

生活在现代的人们，只要识字，就一定会和期刊有着这样或那样的因缘。因为时至今日，许多人已经把阅读期刊看作生活中不可缺少的重要内容之一了。当我们走过街头的"报刊亭"时，面对那挂满橱窗、琳琅满目的期刊，就会感到既是一种诱惑，又是一种享受。也许很少会有人想到为社会提供这些期刊的编辑及编辑的辛苦劳动！一本期刊的编辑，犹如一项工程的建筑师；而形形色色的文稿，则是砂、石、钢筋、木料等建筑材料（徐柏容，1991）。要把工程建设成为优质、一流，当然首先要有质量上等的材料；但有了上等的材料后，到底用这些材料会建成什么样的工程，就取决于建筑师的设计和施工了。建筑师各自的水平及修养不同，竣工的建筑物质量优劣也就不同。林林总总的建筑工程如此，期刊的建筑——编辑出版也是如此。在正确的政治方向、办刊方针和办刊宗旨确定后，面对质量相同的作者文稿，编辑修养的高下，就决定期刊出版质量的高低。

科技期刊，是期刊阵营中很重要的一个组成部分；科技期刊编辑，也是编辑队伍中很重要的一部分。科技期刊编辑不仅与其他编辑具有共性，也具有自身的规律与特点。科技期刊编辑修养的高低，在一定程度上决定和影响着科技期刊的整体水平。

二、科技期刊编辑修养

编辑活动是一种有目的的社会文化活动。编辑这个角色已深深植根于我们的社会生活中，随历史前进而前进，随社会发展而发展，是积极推动历史前进和社会发展的有力参与者（阙道隆等，1995）。科技出版物还成为了科技成果转化为现实生产力的重要的不可替代的渠道和培养科技人才、普及科学技术知识、提高全民素质必不可少的教材（李晓文，1998）。科技期刊编辑通过科技出版物实现了自己的社会价值。科技期刊编辑也由此直接参与影响人类文化的缔构过程，而成为科学文化传播的守门人、科学文化积累的设计师和人类文化发展的调控者这样一个综合性社会角色。科技期刊编辑把守科技文化传播的大门，一方面要杜绝伪劣作品的错误注入社会，不给谬误以滋生繁衍的场所；另一方面还要发现和挖掘先进成果和优秀作品，或通过科技期刊编辑的劳动促使不够成熟的作品达到较高水平。兼具科学文化和人文文化两重性质的科技期刊编辑活动在因势利导、促进人类文化的这种发展趋势中起着重要的推动作用（李晓文，1998）。科技期刊编辑通过自己的编辑活动，影响人类科技文化的缔构过程，因而对人类科技文化的发展也负有不可推卸的历史责任。

在科技期刊编辑出版工作中，编辑是主体，文稿是客体，编辑主体要认识并作用于文稿这个客体，就必须先具备认识客体并作用于客体的能力，这种能力越大，认识就越正确、越深刻，对客体的作用就越大、越有力，越能优化地达到主客体的统一。从期刊编辑出版实践来考察，科技期刊编辑不仅要能看懂编辑部收到的各种文稿，而且能从政治上、学术上、方法上辨别其是非高下。这就需要科技期刊编辑有高度的政治、思想、理论修养以及高度的科技文化修养，同时又有相对渊博的专业学识，要尽可能地做到古今中外、天文地理无不通晓。在日常工作中，一个科技期刊编辑，会遇到许多来自各方面的问题，不努力提高自己的修养就很难胜任这份工作！更不用说，科技期刊编辑要高瞻远瞩地来认识、评价、作用于文稿，就需要有胆、有识、有才并有深远的眼光。黑格尔说："无知者是不自由的，因为和他对立的是一个陌生的世界。"要想获得自由，就得有知识，就得有高度的思想政治修养和高度的学术修养。没有高度的思想、常识和编辑专业修养，在面对作者的文稿时，就只能提些片面的、肤浅的意见，甚至有可能是外行的、错误的意见，而不可能提出正确、全面、深刻、精辟入里的中肯意见，作者面对这些意见会云里雾里、难以明白编辑的意图。意见的正确、全面及深刻程度，总是和编辑自身的修养成正比的。审稿提意见是如此，整个科技期刊编辑工作也是如此。事实上，期刊整体质量的高低，很大程度上取决于编辑修养的高低；没有高修养的编辑，就编不出高质量的期刊。也可以说，有怎样的编辑，就有怎样的期刊。不同的编辑，编辑出的期刊总会有所不同。期刊的风貌、质量总是与编辑密切关联；高质量的期刊总是由高水平的编辑编出来的。科技期刊编辑需要全方位地提高自己的修养——从内在到外在、从心灵到风貌各个方面的修养。

1. 政策修养

科技期刊编辑出版工作，是社会主义文化建设事业的一部分。因此，从事这项工作的科技期刊编辑，就必须提高自己的马克思列宁主义修养，提高自己的道德修养，提高自己的政治水平。要宣传马克思列宁主义的世界观和方法论,就要先懂得马克思列宁主义;要宣传党的路线、方针和政策,就要先熟悉党的路线、方针和政策,经过学习,不断提高自己的政治思想觉悟和理论水平。否则,虽然主观愿望是宣传马克思列宁主义的世界观和方法论,实际却可能宣传了唯心主义的内容;虽然主观愿望是宣传党的路线、方针和政策,实际却可能是宣传了封建主义、资本主义,歪曲了党的政策。期刊是一种时效性较强的出版物,是宣传党的政策的有力武器,科技期刊也不例外。科技期刊编辑工作,表面上看只有科学属性,没有政治属性,实际上是一项政治性、思想性很强的工作,同时也是一项政策性很强的工作,比如国界问题,比如宗教问题,比如唯物辩证问题,比如保密问题等。因此,提高马克思列宁主义修养,提高政策水平,对科技期刊编辑来说也是不可或缺的。

2. 科学知识修养

科技期刊编辑应该具有多方面的、丰富的科学文化知识。对一个科技期刊编辑、特别是综合性科技期刊的编辑来说,期刊的文稿五花八门、无所不有,即使是小学科,当今的科技发展如此迅速,知识细分化越来越明显,编辑如果跟不上学科的发展脚步,面对文稿时也会一头雾水。知识不丰富、学识不渊博,是很难做好科技期刊编辑工作的。固然,按现在的常规,初审编辑往往只负责某个方面、某个栏目的文稿,学科范围及文稿涉及的科学知识比较集中。但是,即使是某个特定方面、特定栏目范围内的文稿,内容涉及也还是相当广泛的,绝非无知者或知之甚少者所能处理好的。但不能说科技期刊编辑只要博学或者是个"杂家"就行了。科技期刊编辑除了博之外,还应该专,还应该是专家。编辑是什么专家呢?首先应该是编辑专家，是编辑家。科技期刊编辑的知识结构，就应该是既专又博的知识结构；科技期刊编辑所要成的家，就是这种知识渊博的专家；这就是所谓的"T"型结构。有浓度而不博，可以做学者，未必可以做编辑；能够做到专且博，才能不仅可以编辑专业文稿，也可以编辑专业以外的文稿。当然，专或博都只是相对而言，对于每一个从事科技期刊编辑工作的同仁而言，都会面临着一个难题：学海无涯，永无穷尽，特别是在进入信息时代的今天，新学科风起云涌，新知识日新月异，所谓"吾生也有涯，而知也无涯"的矛盾，越来越尖锐了。一个人无论知识如何渊博，如何专业，实际上也不可能是无所不通的。但这不是说明不必去追求专与博，恰恰证明要努力不懈地去追求专与博。

3. 文字艺术修养

科技期刊编辑工作（不仅是一项科技工作），也是一项文字工作，同时还是一项艺术工作。文稿是编辑工作的客体，而文稿就是由文字及其他语言符号（图、表、代码等）组成的。说编辑工作也是一项文字工作，就是因为科技期刊编辑每天都是在跟文字打交道。但是，文字只是文稿的组成形式，由文字组成的文稿形式中，还包容着文稿的内容——思想实质、学术实质、审美实质。所以，科技期刊编辑和文字打交道，既包括作为形式的文字结构，也包括文字结构与所要表达内容的准确性。从文字结构的形式来说，首先要求正确无误，也就是要符合语法规范和标点符号使用规范；从表达内容的准确性来说，要求表达得明白、充分、严谨、科学。明白、充分才不会产生歧义；严谨、科学才具备传播价值。说科技期刊编辑工作也是一种艺术工作，是包含有许多层次意思的。首先，文字工作本身就是一种艺术，一种运用文字结构表达思想内容的艺术。要做到形式和内容两方面的要求，是艺术；形式与内容的协调统一，也是艺术。其次，科技期刊编辑工作要把许多内容不同、长短有异、性质不一的文稿和照片、插图及表格等编辑成一本完整的期刊，使之内容协调、形式美观，也是一种艺术，一种编辑期刊的艺术。再有就是科技期刊中文章的内容都是科技知识，是科学的载体，编辑要审校所编文章内容的科学性，防止传播错误的知识与信息，这就要求编辑的科学知识面要专，也要宽。科技期刊的思想格调和艺术趣味的高低，实际是反映了科技期刊编辑思想格调和艺术趣味的高低。在从期刊总体编辑构思到筛选文稿、版面编排的全过程中，都要受到编辑的思维方式与欣赏能力的制约，实际也就是反映了编辑的人格修养和文字艺术修养。

4. 道德修养

科技期刊编辑，是人类社会精神食粮的制造者、供应者。是制造、供应人民营养丰富的精神食粮，还是为社会制造垃圾，这关系到科技期刊编辑最重要的职业道德问题。要提高科技期刊编辑的职业道德修养，就要正确对待、处理这个问题，就要努力制造、供应给人民最好的、营养最丰富的精神食粮。那些制造、供应给人民粗制滥造或偷工减料、甚至霉变带霉精神食粮的科技期刊编辑，就是没有职业道德的"奸商"。

当然，社会上其他一些不正之风，也会侵袭到科技期刊编辑中间来。主要表现在以下几个方面，希望能够引起科技期刊编辑同仁的高度警惕：科技期刊编辑接受作者的请客送礼者；没有参与科研和文稿的撰写工作，凭空要与作者共同署名者；扣压作者文稿，改换文稿作者姓名为编辑自己姓名后发表，从而形成剽窃作者文稿内容者……，除了剽窃作者文稿内容是偷偷摸摸行为之外，大都是与作者合谋为之，作者可能在无奈之下或是为了以后更好地利用编辑而"心甘情愿"，但编辑不能因此而推脱自己应该负的责任。每一个科技期刊编辑都应该自重自爱，提高自己的职业道德感，与这种不正之风作斗争。科技期刊编辑在对待文稿、作者的关系上，应该恪守质量第一的原则，这是一项看似简单而最难把守的职业道德。医生一次低质量的诊治，最严重者可能会使一个病人致死；而一个不负责任编辑的工作失误，影响不会是一个人，很有可能毒害千千万万的读者。由此可见，编辑工作的重要性非同一般。要坚持质量第一的原则，不能拉关系，不能开后门，不能唯人是亲，时时提醒自己秉公办事，文稿质量第一，在对待文稿、作者方面，就应该以质量要素为第一标准来决定取舍。坚持质量第一，是一种严肃认真的工作作风，是科技期刊编辑恪守的第一道门槛。

三、科技期刊编辑精神

科技期刊是科学技术及科技文化、科学精神传播的重要媒介之一，科技期刊编辑是科技期刊编辑出版活动的主体，科技期刊编辑的素质与修养，决定着作为科学文化传播中介科技期刊的水平，那么，到底科技期刊编辑应具备什么样的科学精神？曹阳红（2001）曾把科技期刊编辑的精神从5个方面进行了论述，包括："外行"转为"内行"的质疑精神；一"点"也不马虎的求实精神；捍卫科学尊严的原则精神；促进科学发展的创新精神；热爱编辑事业的敬业精神。此外，笔者认为还应具备勇往直前的开拓精神；勤勤恳恳、任劳任怨的奉献精神（图2-1）。

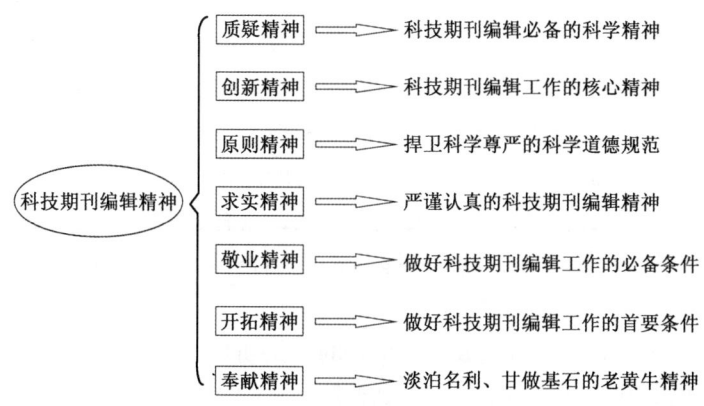

图2-1　科技期刊编辑应该具备的7种精神

1. "外行"转为"内行"的质疑精神

质疑精神是科技期刊编辑必备的一种科学精神。在科学技术高度发展、学科高度分化同时又高度交叉的时代背景下，学科的细分决定了越是高精尖的学科，越是细分与交叉，即使科技期刊刊登内容只涉及一个较小的领域，也往往是学科交叉、细分出很多学科，创新理论及创新思维不断涌现，以前存在的理论与"定论"不断遭遇挑战与冲击，其理论和实验材料可以说是浩如烟海，编辑要想全面掌握一种期刊所刊登的所有学科内容是很难的。所以，面对广泛的作者队伍而言，科技期刊编辑有时候可能会是外行。但这并不意味着编辑对于作者的文稿就束手无策，而是可以应用编辑学的理论方法，对文稿进行科学分析与大胆质疑。《科技期刊编辑方法论研究》（钱文霖，1998）指出：外行可以与内行进行学术交流甚至外行可以对文稿进行学术把关。科技期刊编辑对作者文稿中有些内容是否正确产生有根据的怀疑是完全可能的。编辑之所以能发现文稿内容的错误,靠的就是在具有广博的科学常识的基础上掌握一定的编辑规律和方法。科技期刊编辑作为科学知识传播载体的加工者,必须坚持科学态度,坚持怀疑精神,在尊重科学和尊重科学家的基础上,从编辑角度对文稿的严谨程度和科学性进行质疑,查找文稿中可能存在的科学漏洞,只有这样,才能过滤掉那些伪科学的东西,给读者提供真正具有科学价值的精神食粮。

2. 一"点"也不马虎的求实精神

将作者的文稿变成正式出版的科技期刊,科技期刊编辑付出的劳动是不言而喻的,大到整篇文章的篇章结构、论点、论据,小到一个公式,一个图表,一个字符,甚至一个小"点",都必须认真审读与核校。因为出版物的社会功能使得公众对科技期刊这一传播媒体总是持信任的态度,所以,科技期刊编辑对社会的文明进步负有极其重要的责任。另外,科技出版物的标准化、规范化也要求科技期刊编辑必须做到严谨求实,一丝不苟。科技出版物如果没有一套行之有效的规范和标准,各学科之间、甚至国与国之间将很难进行交流;作为信息产业的科技期刊,其标准化、规范化应成为信息传递、学术交流、文献管理和生产建设不可缺少的重要组成部分,它是全社会资源共享的必要条件。因此,科技期刊编辑工作无论在内容、形式还是格式方面,每篇文稿都要做到严谨认真,一点也马虎不得。这是科技期刊编辑的最基本的要求之一。

3. 捍卫科学尊严的原则精神

尊严是指人和具有人性特征的事物,拥有应有的权利,并且这些权利被其他人和具有人性特征的事物所尊重。简而言之，尊严就是权利被尊重。在市场经济的交换方式、利益机制容易使人屈从于物质、实用、功利诱惑的当代社会，原则精神尤为突显。科技期刊编辑在工作实践中经常会遇到下列一些问题：有些文稿学术水平不高，也没有什么现实意义和科学价值，但它是领导介绍或者专家推荐的，你发不发？还有的是你的同事、朋友，为了评职称、报项目，送一些仅仅凑合的文稿来，你发不发？这些都涉及到能否遵守科学道德、捍卫科学尊严的问题。科技期刊编辑在工作实践中，一定要处理好各种利益之间的关系，一切以人民群众的利益为重，一切以科学尊严为重。科技期刊编辑一定要以捍卫科学尊严为己任，遵守科学道德规范，坚持科技出版原则。

4. 促进科学发展的创新精神

创新精神是指要具有能够综合运用已有的知识、信息、技能和方法，提出新方法、新观点的思维能力和进行发明创造、改革、革新的意志、信心、勇气和智慧。创新精神是一个国家和民族发展的不竭动力，也是一个现代人应该具备的素质。创新精神属于科学精神和科学思想范畴，是进行创新活动必须具备的一些心理特征，包括创新意识、创新兴趣、创新胆量、创新决心以及相关的思维活动。

1983年6月，《中共中央国务院关于加强出版工作的决定》指出，科技期刊编辑促进科学发展的创新精神表现在如下3个方面：(1) 科技出版物的编辑过程是一个再创造过程。(2) 科技期刊编辑能及时发现、传播科学研究的新成果，举荐与扶植新的科技人才，同时开创有利于科学传播的新途径。(3) 科技期刊编辑对编辑学的创新研究。看似简单的3个要求，实际上涵盖了科技期刊编辑创新精神的方方面面。只有重视到这 3 个方面，努力地从 3 个方面来践行创新精神，才能更好地完成科技期刊的编辑工作，更好地促进相关学科的发展。

5. 热爱编辑事业的敬业精神

科学技术的普及、发展及其广泛应用离不开科技期刊编辑，科技期刊编辑是科学文化传播的重要力量之一，科技期刊编辑所从事的事业是人类社会的进步事业。因此，科技期刊编辑要热爱自己的职业，要有为编辑事业服务、进取乃至牺牲的敬业精神。敬业精神是做好一切工作的基础，科技期刊编辑的敬业精神首先表现在它的服务性。对于作者，科技期刊编辑是其文稿的第一读者，通过鉴审后不能刊发的文稿，编辑应向作者转达详细的审稿意见，而绝不能让作者的文稿投出去后就像石沉大海，杳无音信。服务好作者，为期刊培养强大的作者队伍，这是科技期刊持续发展的必要条件之一。因此，服务好作者是科技期刊编辑的首要任务。编辑在工作中坚持严谨求实的科学态度，一方面是对作者负责，另一方面也是对读者负责。读者是编辑服务的主要对象，没有读者，期刊的传播功能就根本无法实现，在很大程度上也就没有存在的必要了。因而读者是期刊存在与发展的源泉与动力，科技期刊编辑要认真对待读者，尽心尽力为读者服务好。敬业精神的第二点要求就是不断进取。科学技术在发展，知识在更新，因此，科技期刊编辑只有不断地学习新知识，研究科学发展的新动向，尤其要经常对自己的工作进行探讨、研究和总结。编辑是一门学问，科技期刊编辑在日复一日、年复一年的工作实践中，必然会发现各种各样的经验方法和规律，怎样把它们总结出来，使之形成理论来指导实践，这就是我们编辑的另一项工作。任何一项工作，只有不断地进行研究，才会有所改进和提高。

许多人在谈到编辑素质时认为，编辑既应是"杂家"，又应是"专家"。这里的"专家"很大一部分人的理解是指对某一学科（当然不是编辑学）要有较为深层的研究乃至精通。对此，笔者的观点正好相反，这个"专家"应该是对编辑学专业有较深入的研究，编辑学才是编辑的第一专业。这里的敬业是热爱编辑事业，真正把编辑工作当作自己的事业来做。

6. 勇往直前的开拓精神

要热爱科技期刊编辑的职业，对编辑工作要有开拓精神。一个科技期刊编辑如果不热爱自己的职业，缺乏开拓精神，就无法做好科技期刊编辑工作，也就不可能成为一个称职的科技期刊编辑。一个科技期刊编辑必须具有开拓精神，因为科技期刊总是要与时代共脉搏、同呼吸的，一个不具备开拓精神的科技期刊编辑，怎么能够把期刊编得与时代同步以至成为推动时代前进的力量呢？怎么能够编辑出引领学科进步的科技期刊呢？有的科技期刊编辑，论科学知识的积累和分析问题的能力，还是有的；论对文稿的看法与见解，也不是没有；对日常编辑出版工作，也还能应付；但就是工作中墨守成规，缺乏开拓精神，有点当一天和尚撞一天钟的味道。这种人做编辑工作顶多是个编辑匠，不会有多大的成效。编辑只有具备了勇往直前的开拓精神，才能够成为成功的科技期刊编辑。

7. 勤勤恳恳、任劳任怨的奉献精神

科技期刊编辑要淡泊名利，甘愿在编辑这个工作岗位中勤勤恳恳地工作，默默地做出自己的努力，为科技工作者的成果能够更为广泛地传播尽职尽责。鲁迅先生曾经告诫编辑工作者，要耐得住默默无闻的寂寞，要有"为他人作嫁"的气量。随着科学文化的发展，编辑工作已越来越受到社会各界的重视；在以往的研究中，一般都认为编辑活动主要是传播、积累科学文化知识，其实还有很重要的一条，就是培养人才。科技期刊编辑要善于从日常文稿中发现科技新人，并且有意识地帮助和培养他们，这是科技期刊编辑应尽的职责。作者能够成名，编辑自有一份光荣，国内外许多著名的科学家或者作家都曾在自己著作的序言或后记里特别感谢为自己的作品付出过辛勤劳动的编辑，因此，编辑应该为能"为人作嫁衣"而感到自豪。科技期刊编辑可能成不了"大家"，但是不要忘记我们是在为大家服务。这里的大家说明我们的作者是科技行业的专家和学者，又说明我们的读者范围很广。因此，科技期刊编辑的奉献是值得的。

具有科技背景的科技期刊编辑，可能有时会有一种失落与无奈，尤其是看到自己的同学或朋友在学科上有所建树时，更感到自己的"渺小"，毕竟，在目前的情况下，科技期刊编辑的工作环境与待遇无法与科技工作者相比，作为科技期刊编辑，既然选择了这个事业，就要忍得住贫寒，耐得住寂寞。科技期刊编辑要做科学界的老黄牛，在工作岗位上任劳任怨，有一份光发一份热，为的是把科技成果更好地传播，为的是让更多的人从传播中受益。社会发展、科技进步少不了科技期刊编辑这些老黄牛，读者和作者也会记住这些老黄牛。

四、科技期刊编辑应用写作

尽管现在许多编辑部的编辑工作流程都已经标准化，其中编辑应用写作的内容也都用标准化的模版进行了规范，但不能就因此说编辑应用写作已经过时，没有必要再提及。实际工作过程中，很多时候还是需要编辑认真地写出具有自己特点的应用信件，这是编辑应具备的素养之一。

对于科技期刊编辑而言，编辑工作各类书信很多，也是工作过程中必不可少的主要工作内容之一。这里仅就约稿信、退修信、退稿信及答读者信做一简单介绍。

1. 约稿信

约稿信是科技期刊编辑向某一领域内的专家组稿的信件之一，它比电话要正式，显得对专家更为尊重与理解，也比电话更能讲得清楚与明白，让专家清楚地知道编辑部的意图。当然，现在的信件不一定是传统意义上邮寄的信件，可以以电子邮件的形式发送，但最正式的依旧是盖章的正式邮寄的信件。写约稿信的好处有（吴添汉，1995）：一是可以不受空间限制，对离编辑部较远的专家及专家群，通过正式信件约稿，可以节省编辑往返的费用和时间；二是写信有个凭证，便于作者查考，对约稿的目的要求、注意事项等，作者也可随时查阅，不会有遗忘的事；三是写信时要深思熟虑，谨慎落笔，对约稿的目的、要求等写得周密完整些，避免口头讲或是电话中容易遗漏的不足。

一般重要的约稿信都是出自期刊主编之手或是执行编辑之手，少数出自资深的责任编辑之手，这既显示出编辑部对专家的重视与尊重程度，也会增加约稿的成功率。当然，随着高文化层次的编辑加入科技期刊编辑队伍，年轻编辑的专业知识水平与阅历也有了很大提高，对约稿信的撰写也有不同的视角与感召力，也可以直接加入到撰写约稿信的队伍。

2. 退修信

退修信是科技期刊编辑写给已经完成审稿流程、准备录用的文稿作者的信件，是涉及作者改回文稿质量的重要信件，需要文稿的责任编辑在认真阅读原文稿及审稿专家的意见后，针对作者的文稿内容提出的请求作者进一步完善文稿的综合意见，一般内容包括：作者必须修改与补充的内容，作者参考修改与斟酌的内容，期刊格式对作者的要求，文稿中的图件与表格的要求。退修信要求一定要简洁明确，条理清晰，不能含糊其辞，让作者能够充分理解与吸收，这样才便于作者对文稿进行充分的修改与补充，以达到编辑部对作者文稿质量的修改要求。这类信还包括修改后再评审的文稿，一定也要给作者说清楚，告诉作者视修改情况还需再审后决定能否录用，不要让作者产生误解，以为修改后就一定可以刊登，这样就会减少后期不录用时的一些不必要的麻烦。

退修信是编辑部工作中非常重要的一种信件，关系到期刊中所刊登文章的质量水平，更关系到作者对编辑部的工作信任程度与认知程度，在某种程度上可以说是编辑部学术水平的侧面体现，因此，编辑要十分重视这种信件的写作，必要时主编要关注与指导，对于新编辑写的退修信，主编一定要在前期进行必要的指导与帮助。

3. 退稿信

目前一般科技期刊的稿件录用率可能都不会大于50%，就笔者所从事的期刊而言，来稿的录用率基本上在30%左右，这就是说，大约三分之二的稿件要做退稿处理。可见，退稿信在科技期刊编辑的日常工作中也占据着十分重要的地位。尽管这部分文稿是编辑部不录用的，但要做到退稿不退人，让作者在接到退稿信时，心里尽管有点不舒服，但还是有些理解甚至是感激之情才行，这样，当此文稿的作者下次再有更好的相关文章时，还会首先想到投送本期刊。

一般的退稿信有以下3种情况：一是和本刊刊登内容出入较大的文稿，这部分直接退稿即可，直接和作者说明，如果能够给作者指出此内容投送哪种期刊更适合他的文稿，给作者指出一条能够发表他文稿的途径，相信作者是很感激的；当然，如果文稿质量不错，征得作者同意后，编辑主动帮作者转送其他期刊也是不错的方法。二是尽管内容与本刊相符，但期刊近期此类文稿内容偏多，这篇文稿的内容相对较差，也需直接退稿，写退稿信在指出文章存在不足、以利于作者文稿提高水平的同时，还需要编辑写信时要尽量委婉些，不能够带有轻视作者的语气与词汇，也可以建议作者修改后投送用稿量较大的期刊发表。三是经过外审后，专家认为需要退稿的文稿，这类文稿如果编辑与审稿专家意见一致，可以直接把审稿专家的意见转发给作者，然后态度鲜明地告诉作者可以另投他刊；如果编辑和审稿专家的意见不太一致，可以把审稿专家的意见发给作者的同时，把编辑自己的意见也加在上面，以便作者再进一步修改文稿。

4. 答读者信

随着多媒体的广泛应用与社会发展，这类信件基本上萎缩，但部分邮件与采编系统上的留言还是相对较多，科技期刊编辑部要注意处理好这看似小事的事情，以便为期刊赢得较好的口碑，扩大期刊的影响。

例如2012年10月笔者在编辑部邮箱中见到一个杭州地质研究院的学生写给编辑部的信，是向专家请教白云岩的问题，同时还上传了他写的文章中关于白云岩的内容，希望编辑部能够转给相关专家，让专家帮他解决存在的困惑。笔者很快给他进行了回复，告诉他尽快联系专家。在收到笔者的回复后，读者回信表示十分满意编辑部的工作效率与态度。而且笔者和专家沟通后，专家也很快给他进行了解答，读者再次来信表示感谢。

此外，建立起专家QQ群也是为读者服务、答读者信的很好方式。在我的古地理学专家群中，经常就学术问题进行探讨，有读者提出问题，相关专家看到后就会在群里解答，不仅为读者解决了困惑，而且还为其他想知道这个知识点的读者、专家提供了学习与沟通的平台。

五、科技期刊编辑、作者和读者之间的关系

科技期刊的出版与存在，依照一般意义上解释，取决于3种人或3个方面的相互关系，即：著（作）者、出版者（这里主要就编辑进行讨论）和读者。

读者群体是期刊创办出版的依据，是期刊得以生存的立足之地，没有这个群体期刊将失去生存的价值，因而读者群体不可忽略。作者群体为期刊提供稿源，没有作者群体，期刊就成了无源之水、无本之木，办好科技期刊说到底就是要有高质量的学术论文，因此要重视作者群体。编者群体即编辑是期刊加工制作者，他把作者与读者连接起来，因而是办刊的核心。要办好科技期刊，必须使这3个群体之间的关系密切起来，互动互惠（符学博，2011）。

在科技期刊编辑出版活动过程中，作者和读者之间，编辑处于中介地位，编辑不仅创造性地加工作者的科技作品，并把作者的作品推荐给读者，而且把读者意见、社会信息和需要反映给作者，所以编辑劳动在某种意义上来说具有中介的特征，它是作者与读者之间重要的桥梁和纽带（张华，1998）。作者

和编辑相互依存、相互促进，共同创造人类的精神财富。读者是出版物的使用者，满足读者需求是编辑工作的目的和动力。因为只有有了读者的需求，才会有作者的写作活动和编者的编辑活动。而读者在阅读和使用出版物时又会提出新的需求，推动作者写作和编辑活动的发展。可见，读者是编辑工作的起点和归宿；而作者及其作品是编辑工作的内容及实质。科技期刊因其特殊性而决定了其作者、读者和编者之间的关系也具有特殊性。

1. 编辑、作者和读者各自的特点

科技期刊的作者，一般是直接从事科学研究工作的科技人员、从事教学研究工作的教师、生产一线从事科技生产管理工作的应用科技工作者。他们的文稿不是一般意义上的作品，而是科研成果，是科技转化为生产力在实践工作中遇到的问题及解决方法，是工作经验及失败教训的总结，可以说都是长期辛勤劳动的成果，是多年汗水的结晶。这就决定了其作者绝大多数都是具有中高级以上职称的科技人员、管理人员和大学教师，同时也包括部分硕士研究生、博士研究生，可以说作者的科技层次是相当高的；当然，作者中也有相当一部分是善于总结经验、在实践中勇于革新的年轻大学生；也不排除部分为评定职称而拼凑文稿的作者。但总体来说，作者群是一个从事并掌握某一专业前沿科学的科技群体，是本专业最活跃的科技生产力。

科技期刊的读者，根据对象不同稍有差别，但一般都是该专业中的工程技术人员、科研人员、领导干部和有关院校的师生，他们均有相当深厚的专业功底，既是信息的接受者，其中一部分人又作为信息的反馈者再一次成为作者。

科技期刊的编辑中，绝大多数是具有一定的专业实际工作经验和科研工作经历、热爱编辑出版事业、具有一定的文字功底的专业技术人员，专业知识功底较深厚；也有少数是新毕业的学习专业的大学毕业生、硕士研究生、博士研究生，很少是编辑学专业毕业的掌握编辑学知识的编辑。可以说编辑来源于作者、读者之间，甚至曾经是所从事期刊的忠实作者、读者，这对于编辑与作者、读者沟通是非常有利的。

如果说科技期刊是反映最新、最重要科研成果的阵地，编辑工作者则是这个阵地的忠诚战士；如果说科技期刊是发现、培养人才的园地，编辑工作者则是伯乐和这个园地的园丁；如果说科技期刊是科研成果的主要记录和科研的最后阶段，编辑工作者则是成果的最后鉴定者和把关人。可见，科技期刊编辑是科技队伍中的一员，而且其工作具有创造性和独特性。

编辑要对作者、读者和党的出版事业负责，也要对子孙后代的读者负责。编辑肩负着积累和传播人类科学文化知识、交流生产技术经验、推动生产技术发展和繁荣社会主义学术创作的神圣使命。编辑的主要责任是：选择文稿，组织文稿，倾听读者意见，缩短文稿刊出周期，协助作者改好文稿，将文稿科学化、格式化、规范化后进行传播与积淀。

2. 编辑与作者的关系

科技期刊是刊登学术文稿与科技文稿的，学术文稿及科技文稿又要由科技工作者来完成，没有科技工作者，也就没有科技文稿。因此，这里的作者就是指为科技期刊撰写科技文稿的科技工作者。没有高水平的科技文稿，就没有高水平的科技期刊，可见科技工作者对期刊来说是多么重要了。没有科技工作者和没有科技期刊编辑一样，都不会有科技期刊的出版。

因此，编辑首先要做到：一是尊重作者。编辑应该体会作者劳动的辛苦与精力的付出，要像珍爱自己的文稿一样珍爱作者的文稿，认真负责地处理每篇作者文稿。要及时向作者提供反馈信息；要认真审读，多查找相关资料进行必要的学习，不懂时向作者询问；退稿时要言之有据，说出必要的理由与可供作者参考的有价值的修改意见，即使不用，也会对作者修改文章有所帮助，这样就能够做到退稿不退人（高哲峰，1998）。二是发现作者。巴金说："编辑的成绩不在于发表名人的作品，而在于发现新作家，推荐新创作。"（徐柏容，1991）对于科技期刊编辑而言，不能仅发表会写文稿的教授、博导的文稿，对于不会写文稿的研究生另眼看待，应对所有作者一视同仁。虽然研究生的文稿可能会在某些方面有欠缺，但只要文稿观点新，有内容，编辑就应该给予及时的帮助和扶持，使研究生在科技研究及论文发表方面少走弯路，从而让年轻人尽快地成长起来，成为期刊的核心作者。三是建立基本的作者队伍。期刊应该有一支稳定的、高水平的与本期刊任务相关的作者队伍。只有有了这支队伍，才能保证稿源充足和出版物的高质量。基本作者队伍的素质、水平，会在很大程度上影响期刊的质量、水平。基本作者队伍应该是非封闭型的，它需要不断扩大，也需要不断更新。但扩大和更新都应是渐进性的，以保持其相对的稳定性。作者队伍又是放射性的，在它的周围，还放射出更广泛的作者网。因此，期刊编辑既应重视基本队伍的建立，也应重视广大作者队伍的建立，不可有所偏废。

在以上基础上，再研究编辑与作者之间的关系，就会更加明了。

编辑与作者的关系，是相互依存、相互制约的辩证关系（图2-2），按《中共中央、国务院关于加强出版工作的决定》

的表述，则是"社会主义出版工作是出版工作者和著译者共同的工作，他们之间的关系是同志式的互相合作关系"（河北教育出版社选编，1995）。

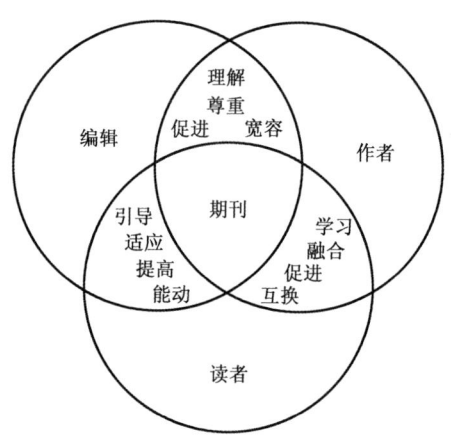

图2-2 作者、编辑与读者之间的关系图解

1）相互理解

相互合作的精神是编辑与作者相互依存、相互制约的自然延伸，是共同为文化积累、文化传播而奉献自己才华与能力的必然要求（王梦辉，张晓艺，1999）。那么编辑就应该充分理解作者的辛勤劳动，充分理解作者的原创意图；作者也应该充分理解编辑的辛勤劳动，充分理解编辑的修改要求。如是，编辑和作者就可在相互理解的基础上，从各自不同的角度出发，共同寻找到一个使作品质量尽可能提高的契合点，从而在这一契合点上统一起编辑与作者的共同意愿，为读者提供满意的科技文化大餐，让读者能够受益最大化。

2) 相互尊重

每篇科技文稿的发表,都需要作者和科技期刊编辑密切配合,通过沟通与修改达到发表的目的。在编辑与作者的合作过程中,相互尊重是相互理解的进一步延伸。编辑要尊重每一位提交文稿的作者,不论其文稿能否达到发表的水平,文稿中都包涵了作者大量的心血与汗水,要在尊重作者的基础上对作者的文稿进行处理。同样,作者也要尊重编辑的劳动,编辑部在对每一篇文稿进行处理的过程中,编辑都是付出了辛苦劳动的,即使文稿达不到发表要求,编辑部决定退稿,编辑对文稿的前期付出也不比录用文稿少,因此,作者也要对编辑的劳动表示出应有的尊重。

3) 相互宽容

编辑与作者的合作,本身具有一种互补的性质。要正确处理作者的文责自负与编辑责任的关系。根据著作权法,作者有权支持自己的意见,因此编辑对文稿的修改必须征得作者的同意,不得擅自改变文稿的结构,不得随意改变作者的观点与思路(王立名,1995);根据期刊的办刊方针和宗旨,编辑也有权对作者文稿进行必要的加工与修正,对于错误的叙述与表达,有权进行更正。这就要求作者与编辑在相互理解与相互尊重的基础上,能够做到相互宽容。当然宽容也不是一味地放纵,作者有权对编辑的无理要求进行拒绝或是撤稿,同时编辑也有权拒绝不符合出版要求的文稿。

4) 相互促进

要注意编辑和作者的关系是双向的,可以优势互补、共同提高,从而达到优质出版的目的。编辑在作者面前,永远不能师心自用,在帮助作者修改文稿的同时,编辑也是在向作者学习知识，了解作者的思路与创造性劳动，从而在某些方面会激发编辑的灵感，开拓编辑的思路。同样，编辑给作者提的修改意见，也是编辑在学术与编辑角度上对文稿的提升与改进，作者不能认为编辑"没有学术水平"而轻视他们的意见。要知道，编辑即使在学术造诣上达不到文稿作者的深度，但在工作中积累的经验足以让他们拥有了知识的广度，所提出的意见绝对不会是无中生有，因此，作者要吸取编辑的长处，肯定能够提升自己的文稿水平。如此，作者与编辑就能够达到相互促进、共同提高的效果。

3. 编辑与读者的关系

编者与读者的关系机制是循环互动的系统运行机制。编辑对读者而言，是施教的主体，具有能动性，但这种能动性又必须受读者的认识能力、领悟水平、阅读进程和心理所制约（吴乐平，1998；周可福，1998）。因此在肯定编辑的能动作用的同时，要更加重视和强调读者的主体地位和能动作用，充分发掘读者自己的最大潜能（邹宏仪，1998）。

科技期刊编辑要有读者意识，这是指在一定的刊物宗旨指导下期刊主体在办刊过程中体现出来的面向读者、适应读者、引导读者、提高读者的总体理念和认识（南风仙，1998）。期刊的读者意识以满足读者在刊载内容、学术水平、编校质量、出刊周期等方面合理需求的思想意识或理念取向为主要内容，具体通过从文稿取舍到发行的全过程及其结果表现出来。

科技期刊编辑必须树立牢固的读者意识，使为读者服务贯穿于整个编辑过程中（李大星，1996）：（1）适应读者。（2）引导读者。引导读者指的是编辑以自己编辑出版的出版物将读者带离不合理、不正确的需求，引导到合理的、正确的方向上去。(3) 提高读者。适应读者和引导读者，都是为了提高读者。事实上，编辑编什么出版物，社会才会有什么出版物，而读者也就只能读到什么出版物。如果出版物真实、动情、让人信服，读者也就接受了出版物的内容和思想。

读者的需求是推动期刊发展、激发编辑工作热情的源动力。尤其是在网络与多媒体高度发达的今天，可以说读者对编辑的能动作用进一步增强。读者可以上期刊网站直接给编辑留言，提出读者的各种意见和建议，也可以电话、邮箱、微博等多种形式与编辑沟通，发表自己对期刊的看法与要求，从而促进期刊编辑工作的进一步提升。也就是说，读者对期刊编辑的能动作用越来越重要了，读者参与办刊的途径也越来越丰富。

可以说，随着技术的进步与发展及读者参与意识的增强，读者对期刊及期刊编辑的影响也越来越大，也越来越重要。收集读者信息，提高编辑对多媒体时代的工作能力，也是许多期刊编辑部面临的重大问题。

可见，科技期刊是编辑与作者共同的作品，而期刊只有在受到读者欣赏和欢迎时才能获得生命。在作者、编者、读者的三维关系中，作者是编辑的后盾，没有作者提供科技论文，编辑就难为"无米之炊"；编辑是期刊的灵魂，是他们将一篇篇文稿加工处理后组成一个有机的整体奉献给广大读者，这中间体现了编辑的思想与情感；读者是编辑的服务对象，也是促进期刊发展、反过来再为期刊提供新鲜血液的后备军。科技期刊的活力来自科学技术的不断发展与创新，也来自于读者的参与和编辑呕心沥血的聪明才智的注入。不难看出，著者编者读者的关系错综复杂，交叉重叠，要想全面地、立体式地把握它，还需要同仁们的共同努力。

4. 科技期刊标准化与作者休戚相关

作为科技期刊的编辑，以前认为科技期刊标准化只是编辑工作范围之内的事，或者说是编辑界的事，与作者、读者的关系不是十分密切。但在撰写一篇综述性的科技论文时，笔者的想法改变了，从参考文献的著录深深地体会到：原来科技期刊标准化是与广大科技工作者休戚相关的。执行国家标准的编辑规范，这既是对编辑的约束，也是对作者的约束，要求二者都按学术规范办事。编辑体例和文献著录当然属于技术层面的问题，但绝不是无所谓的雕虫小技，它和学术研究的严谨学风相关联（龙协涛，2011）。

作者如果了解期刊的格式，在内容一定的情况下，如果按期刊要求撰写文稿，一般期刊都是容易接受的，而且编辑也希望作者按本刊的格式写，这样的文稿会给编辑留下较好的第一印象，不按格式的文稿往往不容易接受，编辑会认为作者根本不了解自己的期刊。因此作者想往哪种期刊上投稿，就需要了解甚至研究这种期刊，不仅研究其刊登的内容，自己的文稿内容与之是否合拍，最近期刊是否刊登过相近或相似的文稿；也要研究其刊登格式，作者自己的写作风格与标准是否与期刊一致。对作者而言，尽管这些工作和科研具体内容关系不是十分密切，但也不能不重视，否则会在一定程度上影响文稿的进一步发表。显然，这对科技工作者来说也是迫不得已，可能算是时间与精力的一种浪费。

如果刊登相近内容的期刊都标准化了，作者写好的文稿，无论投哪种期刊，都不用再重新修改格式了，直接投送即可，这样就会省去了作者不少麻烦。这种节约是科技工作者时间与精力的节约，也是编辑工作量的节约。因为作者熟悉了期刊的格式，写得文稿自然就容易编辑了。

同类期刊出版不能够做到标准化，比如参考文献格式的不同，就会给作者造成很大的麻烦。比如笔者写的一篇文稿的参考文献原来是按著者—出版年制的格式，文稿完成的差不多时想投送期刊，发现原来适合这篇文稿的期刊参考文献的著录格式不是著者—出版年制，而是顺序编码制，于是，用了一整天时间进行参考文献的标引修改，同时因为文献标引方式的不同，很多文字的表述内容也需要修改。笔者是把稿件打印出来在纸稿上一一对应着修改后，才在电子稿上进行修改的，这样最后检查时还发现不少错误。基本修改完时，突然想到，假如投送的目的期刊不用这篇文稿，需要再投另一种期刊，还得按另一期刊的格式进行修改，还需要很大的工作量呢。

于是笔者想到：假如内容相近的期刊在格式上、尤其是参考文献的标引格式上一致该多好啊，这样可以省去了作者许多不必要的修改时间。

当然，这样做也可能会产生不良后果：很可能会有些道德水准不高的作者，拿一份文稿同时投送多种期刊，因为作者不用再付出任何成本。奉劝作者千万不要一稿多投，否则会给编辑部造成人力物力上的浪费，而且一稿多投有违于学术道德。当然这样的作者毕竟是少数，广大的科技工作者还是能够很严谨地对待一稿多投的问题，期刊标准化方便的还是广大的科技工作者。

作为科技工作者，别嫌期刊标准化麻烦，如果科技期刊都按标准执行，得益的还是科技工作者，不仅看不同期刊的文章会感到省心省力，写文稿也会逐渐地习惯了格式，也会节约不少时间，投送文稿时也不用再研究期刊的格式了。

因此说，科技期刊标准化是与广大科技工作者——科技文稿的作者休戚相关的大事，绝不仅仅是科技期刊编辑的事。全社会的共同努力，才能使科技期刊办得越来越好，也才能使科技期刊更好地为广大科技工作者服务。

参 考 文 献

曹阳红. 2001. 科技期刊编辑科学精神的培养［J］. 编辑学报，13（4）：228－230.

符学博. 2011. 学术为本，反映时代精神［M］//宋应离编撰. 名刊·名编·名人. 郑州：大象出版社：280－284.

高哲峰. 1998. 怎样做好书稿的退修［J］. 科技与出版，（4）：12.

国家科委科技情报司编. 1991. 科学技术期刊编辑出版工作文件选编［C］. 成都：四川科学技术出版社.

河北教育出版社选编. 1995. 编辑业务参考［C］. 石家庄：河北教育出版社.

李大星. 1996. 确立读者在出版业中的地位［J］. 编辑之友，16（6）：16－17.

李晓文. 1998. 从文化层面看科技期刊编辑的社会角色［J］. 编辑之友，18（5）：32－35.

龙协涛. 2011. 十年磨剑更磨人——我当《北京大学学报》主编十年的体会［M］//宋应离编撰. 名刊·名编·名人. 郑州：大象出版社：260－267.

南凤仙. 1998. 略论科技期刊的读者意识［J］. 编辑学报，10（4）：192－193.

钱文霖主编. 1992. 科学编辑方法论研究导论［M］. 武汉：华中理工大学出版社.

钱文霖主编. 1998. 科技期刊编辑方法论研究［M］. 武汉：华中理工大学出版社.

阙道隆，徐柏容，林穗芳.1995.书籍编辑学概论［M］.沈阳：辽宁教育出版社.

王立名主编.1995.科学技术期刊编辑教程［M］.北京：人民军医出版社.

王梦辉，张晓艺.1999.编辑与作者关系的理性因素［J］.编辑之友，19（1）：8-10.

吴乐平.1998.读者研究——少儿期刊的一个主要课题［J］.编辑之友，18（6）：25-26.

吴添汉.1995.编辑应用写作［M］.沈阳：辽宁教育出版社：71-119.

徐柏容.1991.杂志编辑学［M］.北京：中国书籍出版社.

张华.1998.论编辑的中介地位和作用［J］.今日出版，(1)：34-35.

周可福.1998.读者心理、作者心理与编辑工作［J］.编辑之友，18（3）：17-20.

邹宏仪.1998.给读者一个足够的时空跨度［J］.编辑之友，18（2）：44-45.

第三章　科技期刊编辑之思索

一、科技期刊编辑学研究内容❶

科技期刊（无论是纸质媒体还是电子媒体）作为重要的科技信息传播工具，正在大容量、宽范围、高速度地传递着人类认识自然、揭示自然和改造自然的优秀成果，积淀着人类的科技文化信息，既是人类劳动成果和智慧火花的最好体现，更是人类科技进步和科技文明的重要记录形式。科技期刊因为出版周期短、系统性强、内容新、传递快、信息含量大、学术概念准确严谨以及检索方便等优势，几乎已成为发表最新科学成果唯一的选择（姚远和陈浩元，2005）。可以毫不夸张地说，科技期刊在近代、尤其是现代科技发展史上具有不可替代的地位和作用。因此，研究科技期刊及其相关内容的学科早在20多年前就已经引起学术界的重视，并得到一定程度的研究与发展。自从裴丽生同志于1981年提出的"学术期刊编辑工作是一种专业、一门科学，有它自己的规律"后，科技期刊编辑学的研究就开始一天天地兴旺发达起来。在20世纪80年代中后期及90年代初，科技期刊编辑学的论文如雨后春笋般见诸

---

❶ 此部分内容曾于2009年在第十届中国科技期刊青年编辑学术研讨会上进行宣读，并在优秀论文评奖中被评为一等奖，此后刊登于《编辑学报》2010年第22卷增刊第29~31页，收入本书时有修改。

于各种期刊（何剑秋，1988；顾兆平，1990；张撰一，1991，1993；方正沅等，1992；鲁星等，1992；彭学勤，1992；奚尧生，1992；袁正明，1992；丁娜佳，1994；杨勇，1997；吴小勇，1998；聂咏国，1998）。但不能不遗憾地承认，科技期刊编辑学的研究近年似乎进入到了瓶颈状态，网上搜到的关键词中含有"科技期刊编辑学"的信息有661条，2000年以后有272条，但多为培训、会议、年鉴和消息等，其中相关学术论文只有区区9篇（2010年6月27日查中国知网）。10年内只有可怜的9篇文章（有些只是涉及科技期刊，还不能算是科技期刊编辑学研究），不能不说是科技期刊研究界的一种遗憾。是什么原因制约了科技期刊编辑学的研究与发展？笔者认为，研究对象目前尚未得到学术界的一致认可，不能不说是重要原因之一。

作为一门科学，科技期刊编辑学同其他任何一门科学一样，必须有自己的研究对象。恩格斯在《自然辩证法》中指出："每一门科学都是分析某一个别的运动形式或一系列互相关联和互相转化的运动形式的，因此，科学分类就是这些运动形式本身依据其内部所固有的次序的分类和排列，而它的重要性也正是在这里。"毛泽东同志也曾说过，"科学研究的区分，就是根据科学对象所具有的特殊的矛盾性。"

任何一门新兴的科学，如果没有明确而独特的研究对象，找不到分类和排列的次序，或者其研究对象没有独特性，能够被其他科学兼容或替代，那么，这门科学就根本没有创立的前提条件、也就没有创立的必要了。因此，研究对象的问题，是创建科技期刊编辑学的首要问题，也是一个重要的理论问题（鲁星等，1992）。

1. 研究内容回顾

关于科技期刊编辑学研究的对象或内容，以往专家有过许许多多的研究与探讨（方正沅等，1992；鲁星等，1992；彭学勤，1992；奚尧生，1992；袁正明，1992；丁娜佳，1994；翁永庆，1999；姚远和陈浩元，2005；程静，2006），但到目前还没有形成一个得到科技期刊编辑学界认同的统一说法，从前期研究发展到现在，可以大体归纳为以下几种不同的观点：

（1）侧重于研究科技期刊所刊载的文章，即强调物化的科技论文及期刊本身。

主要代表观点有：科技期刊编辑学的研究对象应是科技期刊、科技期刊编辑以及其中介即科技论文三者的本质及其发展的一般规律，科技期刊编辑学的研究对象是辩证统一、不可分的（奚尧生，1992）；研究、组织、审核、加工、编排文稿和材料（翁永庆，1999）。

（2）侧重于研究作者、读者与编辑等之间的矛盾，即强调研究内容为与科技期刊有着直接关系的人。

主要代表观点有：科技期刊编辑学是研究科技期刊编辑实践所固有的矛盾运动规律，其固有的主要矛盾是作者和读者在科技信息交流中的矛盾关系，这也就是科技期刊编辑学的研究对象（鲁星等，1992）；科技期刊编辑学就是要揭示作者与读者在信息和知识传播过程中，诸种矛盾关系发生的机制、发展变化的客观规律，从而寻求正确处理这些矛盾关系的最佳手段（丁娜佳，1994）。

（3）既研究论文作者的论文和期刊，又研究作者、编辑和读者之间的矛盾。

主要代表观点有：研究科技期刊编辑实践所固有的矛盾运动规律，研究作者、读者、审稿者和编者在科技信息中的特定关系，当然，它的研究对象也包括了从确立编辑方针开始，在进行选题、组稿、审稿、加工，直至出版的全过程中，对整个编辑活动的各个方面以及整个编辑过程的各个环节的活动规律和方法进行专门的探讨（方正沅等，1992）；科技期刊编辑学是把整个编辑活动放在人类社会科技生活的一定位置上加以综合研究，探讨编辑活动的性质、特征、内部与外部的联系及其客观规律（袁正明，1992）。科技期刊编辑学研究的对象是科技工作者的精神产品经过编辑活动的物化现象，需要研究作者、编者、读者之间内在的联系，在作者、编者、读者的三角结构中产生的关系是一种社会关系，它是科技期刊编辑学研究的横观，在这个三角关系中，编者要发现和联系作者，要理解和服务于读者（奚尧生，1992）；科技期刊编辑学应该是科技期刊编辑的全过程，其外延的研究对象应该是科技期刊的作者、审稿者及科技期刊的受众，科技期刊编辑学的主要研究内容应该是编辑过程中编辑人员的编辑心理行为、编辑专业行为、相关科学的学术素养等（程静，2006）；科技期刊编辑学是以科技期刊编辑现象和编辑活动为研究对象，以搜集信息、选题、组稿、编辑加工、修改、发表和信息反馈等编辑活动及其规律性为研究内容的一门分支学科（姚远和陈浩元，2005）。

从以上论述不难看出，目前大多数学者都认同科技期刊编辑学的研究对象，既包括文稿、期刊和编辑过程，也包括参与其中的相关人员之间的矛盾与关系。但是，上述观点，似乎都忽视了一点，即科技期刊与其他期刊对比所应该具有的特殊性——科学技术，正是由于它的特殊性，才使得其研究内容也完全不等同于其他的期刊，因而才有必要单独设立科技期刊编辑学这门学科。

2. 研究内容的特殊性

编辑学的研究对象从总体上讲，是研究人类文化交流中特有的编辑现象，是研究编辑主体（编辑自身）与客体（编辑对象的运动与变化系统）的特征，以及它们之间的相互影响与联系的特殊规律的科学（王振铎和赵运通，1997）。从这个定义出发，编辑学研究的内容分3个层次：一是作为主体的编辑自身；二是编辑对象的运动与变化系统；三是编辑与编辑对象之间的相互影响与联系（图3-1）。

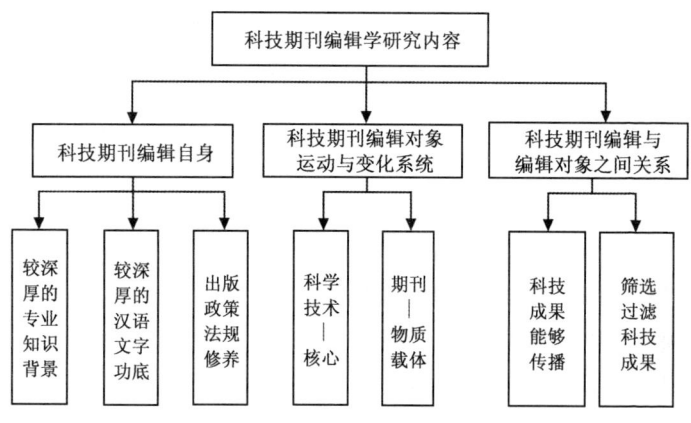

图3-1 科技期刊编辑学研究内容的特殊性

1）科技期刊编辑自身的特殊性

科技期刊的编辑，与其他编辑最大的不同在于其科技出身。绝大多数科技期刊编辑都是理工农林医等专业的某一专业出身，具备了自然科学研究人员应具备的基础素质，甚至很多编辑都有多年科研一线工作的经历，因此他们首先是科研工作者。编辑虽然不是直接参与科技创新的研究人员，但他们的知识结构与科研经历，使他们对于科技文稿有着很好地理解与把握，也才能让编辑活动更好地服务于科技创新活动。科技期刊编辑要密切关注科技的发展，要跟踪并引领科技的发展方向与前沿，因而，科技期刊的编辑就不同于其他编辑，不仅完成期刊的编辑出版工作，要和其他编辑一样，对他人的科研成果的文稿进行加工，使之达到发表水平；还要能够放眼科技的大舞台，跟上科学技术日新月异的发展步伐！可见，科技期刊编辑既要懂得专业，又要具备良好的文字修养与语言功底，因而，毫不夸张地说，一个合格的、成功的科技期刊编辑，一定是文理兼顾的综合性人才。

2）编辑对象运动与变化系统的特殊性

科技期刊是由"科学技术"和"期刊"这两个概念组成的，前者是精神，是核心，是灵魂；后者是外在的物质载体，是媒介，是身躯。二者是精神与物质的关系，是内容和形式的关系，相互依存，因此，科技期刊独特的秉性就是其"科学技术"内核（姚远和陈浩元，2005）。科技期刊刊登的内容，也不是普通的知识，而是科技创新活动的研究方法和创新成果，是科学家的创新思路和对科学的前瞻性思考。抓住了科技期刊的这一特点，就不难找出科技期刊与普通期刊的区别，也就会找出不同的发展规律。因而，科技期刊编辑学对于编辑对象运动与变化系统所需要研究的，就应当是科学技术的运动与变化系统。因为科技是在不断地创新与发展之中的，不能墨守成规，不能停止不前。所以，研究科学技术运动与变化的规律，做好科学技术的记录，也就成了科技期刊编辑学所要研究的主要内容。

3) 编辑与编辑对象之间相互影响与联系的特殊性

从出版角度来讲，科技期刊编辑与编辑对象之间的关系，和其他编辑领域是一致的，不同之处依然是取决于编辑对象的内容——科学技术。科技期刊的编辑活动，就是让科技工作者的科学成果由具备传播的可能性转为能够传播的现实。科技期刊的编辑要善于发现有价值的和对科学有贡献的文稿，也要筛选掉没有科学价值或是伪科学的文稿。鉴于科学技术对于人类文明所起的作用及在社会中的地位，因而，科技期刊编辑的责任就更大，也更应该当好科学技术向社会传播的把关人。

科技期刊通过编辑人员创造性的劳动成果（科技期刊）连接作者和读者——科技进步与创新的研究者，因而科技期刊具有十分重要的任务与社会价值。科技期刊编辑学的研究，不能忽略了科技期刊的特殊性，而应牢牢地把握科学技术这一特点，然后从编辑学研究内容的3个层次，对科技期刊编辑学进行研究，或许会引起科技期刊编辑学研究的一个新的高潮。

二、中国与西方科技期刊编辑对比分析❶

和许许多多科技期刊编辑一样，笔者偶尔也会有一种无奈甚至是抱怨的情结，总是觉着国内的专家学者有创新性的文章不在国内的期刊上发表，一流的学术文稿都发表在国外的期刊上，不支持国内科技期刊的发展，只有二流的文稿才会给国内

---

❶ 此部分内容原文发表于尧水根主编、江西高校出版社2011年出版的《编辑出版理论与实践》一书，收入本书时有修改。

的期刊，而且还得是国内的著名期刊，国内一般的期刊也只能刊登三流甚至不入流的文章，实在是让编辑们"巧媳难为无米之炊"。是什么原因造成了国内科技期刊的现状？中国的科技期刊学术质量和国外科技期刊的学术质量是否存在距离？出现问题的原因何在？作为科技期刊编辑，是不是应该从自身找原因：我们的编辑队伍与编辑理念是不是和国外有差距？中外科技期刊编辑有何不同与相同之处？笔者在2010—2011年间收集到一些资料，想从期刊的主编、编辑、编辑的工作方式和编辑理念几个方面进行剖析，或许片面，或许仅仅是一孔之见，但希望能起到抛砖引玉的作用。

1. 主编的异同分析❶

主编是期刊的灵魂，是期刊的旗帜，他就像是一个乐队的指挥，起着期刊的组织、协调与统一的作用，主编的能力，直接影响着期刊的生存与发展，决定着期刊的发展方向与品位。新闻出版总署1995年《关于报刊社长总编（主编）任职条件的暂行规定》第八条指出（新闻出版总署教育培训中心编，2009）：报刊社社长、总编辑（主编）必须是中华人民共和国公民，必须是主管、主办单位的在编人员。必须具备行为端正、道德品质良好等素质。有刑事犯罪记录、违法记录和劣迹表现者，受过重大行政处分者不能担任社长、总编辑（主

---

❶ 致谢：本部分内容中的部分国外资料，来源于中国科学出版股份公司副总编辑兼期刊出版中心主任、《中国科学》杂志社有限责任公司总经理肖宏在"第27期中央单位学术类科技期刊主编岗位培训班"上讲座PPT，他讲座的题目为"一流期刊的发展要素分析"，在此向肖总表示衷心的感谢！

编)。新闻出版总署教育培训中心2009年《期刊主编(副主编)岗位规范》任职条件中第二款"专业知识"规定：有广博的科学文化知识，对刊物所涉及的学科有系统、深入的研究和较高水平的造诣，熟悉掌握期刊编辑出版业务知识，有较强的写作能力，熟练掌握一门外语；第三款"工作能力"中指出：能正确理解和执行党和国家有关宣传出版的方针、政策，能掌握刊物所涉及的学科领域的历史、现状和发展趋势，精通期刊编辑工作，能设计重要栏目，能胜任重要稿件的复审和终审工作，能较好地解决编辑工作中的重要疑难问题，并有一定数量的优秀编辑成果；第四款"文化水平"中规定：具有大本毕业以上学历。第五款"工作经历、身体素质"规定：主编需要担任副主编职务3年以上，一般应具有副编审以上专业技术职务任职资格。身体健康，能坚持正常工作。

可以看出，国家对于科技期刊主编的要求不能说不够详尽，然而，限于我国主管、主办制度的影响，很多期刊的主编都是主办单位的行政一把手或是技术、学术总负责人，既没有从事编辑工作的经验，也往往因为行政事务繁重、科研任务紧张，没有时间静下心来管理与过问期刊的事，只是挂名，具体的期刊出版完全由副主编或是执行主编完成。我国科技期刊主编相当一部分是学术权威，没有时间实际参与期刊的编辑审核工作，极少有期刊的主编是按上面的要求进行提拔与聘任的。

西方期刊的主编如何选拔与聘任？主编、副主编和编委分工负责，责任明确，没有国内挂名主编的现象，都是一边搞科研，一边审稿、改稿，切实保证刊物的质量（肖宏，2000）。国际上许多重要期刊的主编不仅是活跃在科技前沿的著名科学家，更多的是全职办刊人。当然也有大量专业期刊的主编由科学家兼任，但是兼任并非挂名，他们都是十分乐意并满腔热情地花大量的精力来把握办刊方向，扩大稿源，保证和提高所刊登文章的质量，为办好期刊尽职尽责。

《科学》（Science）的主编 Donald Kennedy 在哈佛大学获得生物学博士学位，是 1972 年当选的美国科学院（NAS）院士，曾任美国食品与药品管理局（FDA）局长，1980 年起担任斯坦福大学校长连续达 12 年。2000 年出任《科学》的主编时，还在美国艺术科学学院、美国公共服务委员会、美国哲学学会和卡内基基金会等多个单位担任重要职位。Kennedy 在学术和社会关系上的资源优势，为《科学》的发展提供了多种便利条件，促进了《科学》的进一步发展与壮大。

《自然》（Nature）之所以能够得到世界的公认，很大程度上是由于她有一个强有力的主编团队。《自然》设有 1 个主编和 2 个执行主编，3 人均有博士后研究工作经历，并且 3 人均是全职工作。主编 Philip Campbell 博士来自英国，负责刊物的编辑内容、管理和长期质量；美国执行主编 Linda Miller 博士，负责编辑政策、内容质量和与社团间的沟通联系；出版执行主编 Maxine Clarke 博士，负责服务作者和评审者，管理编辑计划和编辑刊物的不同内容等。他们形成了一个强有力的领导核心，这样的主编结构使《自然》在学术经营和出版经营方面都走出了自己的特色道路。

值得欣慰的是，随着近年来对外交流及开放程度的提高和对国外期刊的了解，中国的期刊也在逐步走向成熟，不再把主编仅仅作为名誉和官位，对期刊主编的认识也有了一定程度的提高，尤其是国内的几个大刊，主编的人选也开始走向负责任的专家化，并且主编能够真正地抽出一定时间用心于期刊的工作。

《中国科学》《科学通报》现任总主编朱作言，曾在美国明尼苏达大学任希尔访问教授（Hill – Visiting Professor）（1988），在美国马里兰大学海洋生物技术中心任教授研究员、教学成员（Faculty Member）（1988—1991），1997年10月当选为中国科学院院士，曾任国家自然科学基金委副主任。现任国家科委S-863计划纲要建议软课题研究专家，国家自然科学基金细胞及发育生物学科组二审专家、组长，杰出青年基金评委，中国科学院生物技术专家委员会委员，中国科学院实验海洋生物学开放实验室学术委员会副主任，国家教委水产养殖开放研究实验室学术委员会委员，中国水产学会副理事长，中国遗传学会湖北分会副理事长等职。2008年，刚刚担任"两刊"总主编的朱作言说，我们这一代人肩负着让中国学术期刊走向世界的重要责任，"我们要像光召等老一辈科学家要求的那样，全力以赴、义无反顾地把自己的时间、精力奉献给这个事业，和广大科学家一道，为中国科学的发展办好科学期刊"（朱作言，2011）。一年后，当记者问起做总主编是否会影响做其他工作时，朱作言笑着说："你说反了，做期刊目前是我的主业，你应该问，我做其他的事是否会影响我做期刊。那么我来回答你，我会尽量不让其他的事情来影响我做期刊，期刊现在是我的第一事业"（朱作言，2011）。

《细胞研究》（*Cell Research*）杂志的主编裴钢院士，是中国科学院上海生命科学研究院院长、中国细胞生物学会理事长，现任同济大学校长。曾在《自然》《细胞》等期刊发表过重要论文。2005年他继承了创刊主编姚鑫院士的事业，接过了刊物国际化发展的旗帜。正是在他的主持和积极支持下，

《细胞研究》面向国际不断创新，成为第一个加入"自然系列杂志出版集团"（Nature Publishing Group—NPG）的中国期刊，取得了令国内外期刊界瞩目的成绩。

可见，办好一种期刊，并使其成为优质期刊，一定要有一位能够热爱期刊工作、愿意为期刊的发展投入一定精力与时间的科学家来做主编，一方面主编是期刊的一面旗帜，靠其影响力与权威为期刊吸引来好的稿源；另一方面，主编也可以把握期刊的学术水平与发展方向，真正能够让期刊站在科学的最前沿，引领学科的发展与进步。有这样主编的期刊，无论如何不可能被办成水平低下的出版物。

2. 编辑的门槛

中国科技期刊的编辑，可以说是来源广泛，既有从事科研工作出身的编辑，从事情报工作出身的编辑，也有编辑学专业毕业的编辑，更多的是具有专业学习背景毕业的编辑，此外还有教师出身的编辑。起点不同，能力不同，对期刊的贡献也就不同。在国家新闻出版管理条例中，没有见到有关编辑门槛的限定，但近年来开始要求编辑应该有资格培训，要有编辑资格证。下面笔者从国内外期刊招聘编辑的启示进行分析，从而略知我国科技期刊与国外科技期刊对编辑要求的差异。

1）西方科技期刊编辑门槛例证

美国的《神经元》（Neuron）欲聘一位负责编辑述评和评论性文章的助理编辑时指出：该助理编辑岗位最低要求为一名生物科学的博士，尤其侧重神经科学领域，有博士后研究经历或有出版经验者优先考虑；并且要求成功的应聘者应有语言才能、对细节的洞察力和对传播科学的热情；要求这些才能将通过书面和口头的沟通技巧很好地组织起来，同时还需心甘情愿地在一个很小的团队内从事高强度的工作（肖宏，2008）。

自然系列杂志出版集团（NPG）招聘栏目主管编辑时，要求必须是在相关学科背景方面做过3~5年的博士后研究工作，并且要在《自然》《科学》或《细胞》等杂志上发表过研究论文才能录用（肖宏，2008）。NPG集团于2007年1月启动"中国与《自然》网站"（Nature China）项目。Nature China是一个突出展现来自中国大陆和香港地区最好的研究成果的电子网站。在其招聘主管编辑的启示中，要求这位编辑需要有物理学、化学或生命科学的博士学位，并有可以证明的研究成果。虽然具有博士后研究工作经历会优先考虑（不是必需的），但重点会放在经过广泛训练的应聘者身上。这个职位的关键素质，要求能对文稿进行选择、能撰写简练的总结，并能强调出所选文稿的科学意义。此外，应聘者还必须对中国的研究性协会和团体有很好的了解，英文和普通话流畅。要求应聘者对科学实践和传播都要有热切的兴趣，并且应该是充满活力的、积极的、外向的人，具备优秀的人际沟通技巧（肖宏，2008）。能够推动Nature China的事业从最初的构思阶段经过开始到未来的发展阶段。

《自然评论》（Nature Reviews）系列杂志招聘一名生物学科的助理编辑时，指出该职位的角色职能包括：与编辑密切合作，编辑评论和展望性文稿，管理同行评议过程，加工文稿体例并撰写研究热点文稿。为了满足这个充满挑战性的职位要求，理想的应聘者需要对《自然评论》（Nature Reviews）系列刊物涉及的生物主题的领域有广泛的兴趣，在细胞生物学和（或）微生物学领域或病毒学领域有经验者，以及具有相关领域博士学位的应聘者会优先考虑。其他一些重要的品质要求还包括：优秀的写作和语言沟通能力，对细节的重视及对科技理念传播的献身精神。由于这个职位需要与作者和评审者紧密合作，因此成功的应聘者必须具备优秀的人际沟通技巧。

《英国医学杂志》（BMJ）对录用的编辑有一套严格的筛选程序（郑晓南等，1998）：履历初筛→向候选者寄送需编辑的文本（15人）→选出面试者（5人）→测试语法及综合能力→编辑一组文本、校对→录用合格者→内部编辑培训→阅读《BMJ》合订本（8cm厚）→编辑消息、短篇报道（约600字）→专人指导编辑科技论文（由医学博士回答专业问题，新老编辑共同讨论文稿的修改及原因）→强化训练→独立编辑。科技期刊编辑还以学者的身份参加各类学术研讨会，以便不断提高专业知识层次和结构，掌握专业学科前沿状况和发展新动向。通过资深编辑的传、帮、带，《英国医学杂志》的新编辑培训期已由原来的1年缩至半年。据统计，《自然》的培训期为2~6周，《科学》的培训期为6个月。各刊学术内容、格式与栏目设置不同，新编辑的培训周期也各不相同。

从上述4个实例可看出，国外期刊不仅要求编辑要有专业背景的博士学位或博士后研究工作经历，还要具有语言才能、充满热情和优秀的人际沟通技巧。而且聘用后还要经过相当长的时间培训，否则不能单独从事编辑工作。下面再来看国内的情况。

2）我国科技期刊编辑门槛例证

2011年9月22日在58同城网上看到中国医药导刊杂志的招聘（中国医药导刊杂志，2011），岗位职责包括：（1）负责采编部的日常采稿，对采编稿件进行初审，开发和维护作者资源；（2）负责稿件登记，按照编辑流程完成阶段内相关工作；

(3) 负责同印刷厂协调,解决印刷出版过程中的问题;(4) 协助杂志广告业务员做好杂志宣传和推广工作;(5) 完成部门负责人安排的其他工作。其任职资格:(1) 正规临床医学或药学大专以上院校毕业;(2) 普通话好,沟通能力强,具备良好的语言表达能力和电话沟通技巧;(3) 有志于从事医药杂志行业,具有高度工作责任感和团队合作精神,有医学媒体采编工作经验者尤佳;(4) 工作积极主动,吃苦耐劳,责任心强,逻辑严密,工作有条理;(5) 能熟练使用 Word、Excel 等办公软件。

再如环球中医药杂志编辑部的招聘启示中指出:招聘岗位为中医学术期刊编辑(中国科技核心期刊);职位要求:(1) 中医、中药学专业背景;(2) 硕士;(3) 医学英语写作能力佳;(4) 有理想、细致、严谨、责任心强。特别提示:科研型硕士优先,已发表学术论文者优先(环球中医药杂志编辑部,2011)。

上面两则启事是国内一般期刊对编辑的要求,虽说不能代表全部,但差不多的期刊可能都处于相当水平,可见和国外一流期刊对编辑的要求相差甚远。再来看国内知名期刊的情况:

《中国科学:地球科学》编辑部 2010 年 9 月 19 日发布的招聘学科编辑信息,应聘者应具备如下条件:(1) 具有海洋科学、大气科学等地学相关专业硕士或以上学位;(2) 写作能力强,以第一作者在国内外学术期刊发表过研究论文;(3) 英文口语及文字表达能力强,通过大学英语六级考试(CET6);(4) 熟练使用各种绘图专业软件,能够进行日常网站维护;(5) 能够接受随时出差任务,能够承受较大的工作压力(《中国科学》杂志社,2010a)。该刊在 2011 年 9 月 9 日发布的招聘学科编辑信息中，对编辑的描述如下：应聘者应具有地球科学领域硕士或以上学位，有工作经验者优先考虑（《中国科学》杂志社，2010b）。

《中国科学：技术科学》在2011年急聘专职责任编辑时的招聘条件为（《中国科学》杂志社，2010c）：（1）具有工科硕士或以上学位，发表过相关学术论文（学科领域：机械工程、工程热物理、水利、空间科学、航空、土木工程、核科学与技术、电工、电机、建筑、工程力学等）；（2）中英文口语及文字表达能力强，英文通过CET6；（3）熟练使用Office软件、能够进行日常网站维护；（4）善于与人交往，具有良好的团结协作精神和较强的组织能力及策划能力；（5）有编辑出版工作经验者优先。

《科学通报》在2011年6月3日招聘物理学学科编辑时的招聘条件为（《中国科学》杂志社，2010d）：（1）具有凝聚态物理、量子信息、光学、高能物理学等相关专业硕士或以上学位，有较强的学习和科研背景，以第一作者发表过相关学术论文（导师为第一作者，本人可以为第二作者）；（2）中英文口语及文字表达能力强，英文通过CET6；（3）善于与人交流，有良好的团结协作精神和较强的组织及策划能力，热爱科技期刊编辑工作；（4）年龄一般应在35岁以下，身体健康。有较强的科研背景和编辑工作经验者优先考虑。

中国石油大学主办的《古地理学报》（英文版）在招聘英文版责任编辑时指出，应聘人应具以下条件：（1）愿意长期从事期刊的编辑工作，全心全意投入工作，事业心强，有创业精神，力争把《古地理学报》（英文版）办成高水平、国际化的期刊；（2）地质学专业（最好是沉积学、古生物学、地层学专业)出身，具有博士学位；(3)中文功底扎实，能胜任英文的笔译和口译工作及本刊编辑工作；(4)年龄在33周岁以下，副教授职称以上应聘者年龄可在35周岁以下(《古地理学报》(英文版)编辑部，2011)。

可见，《中国科学》系列期刊对编辑的要求开始向西方科技期刊靠拢，但也仅仅要求编辑要有硕士或以上学位，没有敢把学位提升到博士及其以上；而高等学校期刊编辑招聘中已经开始提升了对编辑相关学科背景及高学历的要求。具有科研论文撰写能力、较好的语言表达能力和较高的英语水平，同时也开始注重团结协作能力和人际沟通能力。国内对编辑的要求，都没有提到对科学技术与科学理念传播的足够热情，这可能也正是中国科技期刊还没有注重科学传播理念的一大缺憾。

抬高科技期刊编辑入职的门槛，提高科技期刊编辑人员的素质，必将有助于科技期刊整体质量的提升，这也是中国科技期刊发展到一定阶段后的必然趋势。中国的科技期刊要想扩大国际影响力，一定要在科技期刊编辑队伍建设方面多下工夫，在注重编辑科学素质的同时，还应该注重编辑对科学传播理念方面的素质要求。

3) 编辑的培训机制不一样

中外科技期刊编辑在工作方式上有很大的不同，国外科技期刊编辑的在职培训与参加学术会议、走出去办刊的工作方式，值得我们学习和借鉴。

据郑晓南等(1998)的文章叙述，美国编辑出版公司(EEI)出版的"出版资源名录"中，列出了能够提供编辑出版专业设置的55个教育机构，美国大学出版社协会也列出了32个编辑出版培训机构，而在中国，几乎还没有专门设置的关于科技期刊编辑的培训机构，只是在北京印刷学院研究生处和中国科技大学设有招收在职编辑的硕士学位课程培训，为科技期刊编辑自身素质的提高提供了平台。这与国内庞大的科技期刊编辑队伍十分不相称！当然，国内每年也有许多不同机构组成的短期培训班，但在系统性和连贯性方面，还有待于进一步加强与提高！可见，在编辑培训方面，中国与国外还存在较大的差距。

3. 中国与西方科技期刊编辑工作方式对比

中国科技期刊的编辑任务，主要由期刊编辑部的责任编辑完成，编委一般是推荐文稿、审稿和管理，讨论期刊的办刊方向与出版主题，不对期刊的文稿具体进行学术编辑工作。国外期刊编辑部与编委的主要功能与中国相差很大。编辑部的责任编辑相当于主编与编委的秘书，辅助主编与编委完成期刊的编辑出版工作，而真正的文稿学术编辑工作，是主编、副主编与编委们完成的，技术工作与格式规范等由技术编辑完成。例如：美国出版的《农作物科学》（*Crop Science*），编委会共有78人，设主编1人，编辑1人，技术编辑19人，副编辑53人，责任编辑1人、助理编辑1人、出版主管1人和执行副总裁1人。将技术编辑和副编辑细分为8个不同的学科领域，作者将不同学科的文稿投送相应学科的技术编辑。另外，美国作物学会的作物品种登记委员会负责审阅该刊品种和种质资源介绍类文稿，作者需将此类文稿按不同作物分别投向该委员会的18位委员（程维红等，2006）。

德国出版的《基因理论与应用》（*Theor Appl Genet*），编委会共有26人，设有主编1人（来自德国），责任编辑1人（来自德国），编委24人（程维红等，2006）。编委共来自14

个国家（程维红等，2006）。可见其编委会的国际化程度很高。期刊刊登文稿的编辑工作，主要由编委负责完成。

美国出版的《植物生理学》（*Plant Physiology*），编委会共有72人，其中主编1人（来自美国），副主编10人（除1人来自法国和1人来自德国外，其余均来自美国），特写编辑（Feature Editor）2人，责任编辑（Monitoring Editor）59人。编委成员共来自13个国家，负责对来自世界各国的文稿进行审核与编辑工作。

可见，外国的编辑委员会是涵盖所有对期刊进行加工与处理的人，总负责是主编及副主编，学术负责的人都算是编委或是责任编辑，而副编辑或技术编辑是协助前者完成编辑任务的助手，也就是说，他们的编辑都是科学家或是学科专家，而国内完成这些任务的则是专职的编辑，相当于国外的助理编辑或技术编辑。这种工作方式的巨大差异，势必出现相差甚远的文章刊出效果。国内期刊要想迎头赶上，编辑委员会的编委们就要对刊出的文章真正起到"编"的作用才行。

4. 编辑理念差异

有了得力的主编和强有力的编辑队伍，说明已经具备了办好期刊的人才基础，同时办刊理念也是一种期刊能否办得成功的重要要素。国内科技期刊办不出世界级名刊、大刊的很大困惑，就是编辑部的办刊理念没有形成。下面以任胜利博士科学网博客中的文章《国际顶尖学术期刊的编辑理念与做派：GRL案例》为例（任胜利，2011），分析国外期刊的编辑理念。

作为一种研究快报类期刊，美国的《地球物理通讯》（*Geophysical Research Letters*，GRL）旨在快速传播地球物理领域具有重要突破和广泛意义的短篇研究文稿。为提高《GRL》

的地位及服务水平，《GRL》采取3点举措：其一是编辑成员涉及领域扩展至气候与全球变化、冰冻圈、海洋生物地球化学、固体地球物理学。编辑人数将增加至13位：大气科学（3人），固体地球科学（3人），空间科学（2人），海洋科学（2人），水文与陆面过程（2人），冰冻圈（1人）。所有编辑成员均具有国际视野，所邀请的审稿人能够遵循《GRL》有关14天内返回细致评审意见的严格要求。其二是发表特邀的综述文稿，选题主要涉及近2~3年来的最新进展，篇幅不超过6页，每年发表12篇左右。其三是改进和简化同行评议过程，以提高所发表文章的总体质量。审稿人和作者均应清楚《GRL》不允许所录用的文稿有大的修改，如果文稿需要做中等以上的修改（如补充分析、模拟或其他不能在2周内完成的修改），将被视为不符合《GRL》的要求并退回作者修改后重新投稿。此外，为持续提高期刊的地位和服务，《GRL》不断提高期刊的学科相关性、影响力及效率。编辑直接退稿的增加不仅有助于作者尽早改投他刊，而且减少了同行评议的压力（每年的收稿量为3000~4000篇），以满足快速评审的需要。编辑直接退回文稿的数量在逐渐增加，尤其是那些与《GRL》要求不符的文稿。尽管所退文稿的学术质量有时候也较高，但作者应该明白文稿的体例格式要满足GRL能快速出版的要求。

此外，《GRL》致力于广泛宣传所发表的重要文章，大约有10%的文章在《黎明女神——美国地球物理联合会快报》（Eos, Transactions American Geophysical Union）和《GRL》的网站做"亮点"评论，所有"亮点"文章都推荐给媒体。并且，《GRL》的论文经常被各种传媒（包括《科学》，《自然》等）作为视点和消息报道。此外，《GRL》还致力于通过各种途径（报刊、网站、博客、会议等）推介所发表的重要文稿。

从上面论述中可以看出，国外期刊一是文稿刊登要快，二是对发表的文章进行宣传，三是发表后的文章及时推荐给相关的专家、学者。而国内情况如何呢？目前多数期刊表现为发文滞后，对发表过的文章所做工作很少，没有投入很大的精力对已发表的文章进行推介与宣传。这些方面，是需要国内期刊学习与提高的地方。

5. 小结

与西方相比，中国的科技期刊起步较晚，因而办刊经验还不够，很多方面需要借鉴国外的成功经验，但也需要适合国情，不能一味地向国外学习。主编的任免不是期刊编辑部说了算的事，需要国家在政策方面给予指导，一般人无法改变现状，只能是在现有情况下努力地做好编辑部的工作，尽可能地走出具有中国特色的办刊之路。但作为科技期刊的编辑，要看到办刊过程中存在的不足，实时找到自身的差距，看到和国外期刊编辑在工作方式与编辑理念方面的不同，适当地调整自己，不抱怨，不灰心，努力地拓宽办刊思路，积极参加各种培训与学习，多参加相关专业的学术交流活动，不断地提高自身素质，热心于期刊编辑事业，热心于科学事业，对科学技术和科学理念的传播充满热情，为中国科技期刊事业的振兴与发展出力。

三、科技期刊编辑探究

1. 编辑学者化有没有问题

前面已经述及，科技期刊编辑来源相对广泛，其中大部分来自于科技工作者队伍，有少部分来自于相关理工农医学科专业毕业的学生或是编辑学专业的学生。

编辑学科班出身的朋友,一定认为编辑学有学问,这毋庸置疑。那么,他们一定认为编辑学者化是没有问题的了,这部分编辑就不说了。

其他学科专业出身,而后从事科技期刊编辑工作的朋友,一般分两种:一是专业做到一定水平后加入到编辑队伍之中,一是直接毕业后加入到编辑队伍之中。前者肯定是专业技术人员,也可以说是学者,而后者会不会成长为学者呢?能否有可能成为学者?这不仅仅是编辑学者化的问题,也关系到这部分朋友今后的命运问题。

作为从事科技期刊编辑工作近20个年头的编辑,笔者认为编辑学者化不仅有可能,也是很有必要的。

首先,科技期刊编辑的任务是什么?绝对不仅仅按期刊的格式修改作者的文稿和帮作者改几个错别字,而是要会看文稿并且要看懂文稿,会鉴定文稿的学术水平高低,否则就不是合格的科技期刊编辑。对于符合自己专业的文稿,编辑要靠专业功底,加上平时的知识积累,给出合理的分析与判断,能够审读出文稿的创新性与价值,初步判断出文稿是否值得发表;对于非自己所学专业的文章,也应该能从编辑的角度,审读出文章的科学性与亮点,数据、图表的科学性与真实性,从而给出自己对文稿的科学判断。可能有人认为这是审稿人的事,其实这样就错了,这不仅仅是审稿人的事,更是编辑的事,合格的编辑完全可以做到这一点。要学会从专业和编辑两个角度去分析文稿;编辑不能把所有的来稿都交给审稿人去处理,这一方面会把没有价值的文稿送出去,给编辑部造成经济的压力,另一方面,太"小儿科"的文稿送到审稿人手中,也会给审稿人造成很大的麻烦，浪费审稿人宝贵的时间。文稿到编辑部后，编辑在审读后筛选出需要外审的文稿。因此，编辑对文稿的初审与筛选很重要。这就要求编辑要具有广博的知识与文稿鉴别能力。因此，学术期刊的编辑，需要不断学习、研究和增进学科专业的知识和水平，也就是努力使自己学者化（黄颂杰，2011）。编辑学者化，不断增强自己的专业水准，无疑会提高编辑的职业素养和能力。

其次，编辑学本身大有学问，编辑要在实践中不断地学习与探索编辑学，提高自身的能力。如果不研究编辑学，没有编辑学理论的指导，可能只会成为编辑匠，无法成为合格的编辑，更不可能成为编辑家。编辑具有的专业特长是一种实践智慧。所谓实践智慧是指一个人在实践活动中做出判断、抉择，应对事物、事件，解决矛盾、问题的能力，也是审察事物、感悟事理、洞识真相的能力（黄颂杰，2011）。至于编辑学的理论，笔者也研究不多，但在不断地学习与积累，在此，不妨抄一段我国著名编辑学家、河南大学王振铎教授与赵运通主编的《编辑学原理论》的一段文字，以说明编辑学的学问（王振铎和赵运通，1997）：

> 人类编辑活动的历史，是缔构社会文化的实践过程。社会文化大厦当然是全人类生产劳动的共同创造。但是，编辑活动的性质、特征以及活动规律，都在社会文化缔构中体现出来。
>
> 编辑活动在整个社会文化的生产和传播过程中处于中心地位，起着枢纽作用。具体讲，对文化产品的生产，起着引导、设计和组织等开发性的作用；对生产成品，起着选择、淘汰和修正等把关作用；而对整个社会的文化大厦又起着构成、审验

和革新等作用。文化缔构观，不同于那种就事论事把目光盯注于具体编辑经验的观点，主要从宏观上考察和研究编辑活动，抓住编辑活动的缔构特性，确定编辑活动的本质意义。

编辑作为一种活动，主要活动在这个文化领域。它一方面将精神生产组织起来，将产品收集起来，经过审理、鉴别、选择、核定、重组、编序和排列，造成社会共有的文化结构；另一方面，又将这种文化结构借助特定的物质载体，制成文化媒介，传播于社会。物质变精神离不开文化，精神变物质也离不开文化。编辑活动恰恰是物质世界与精神世界相互转化、沟通的中间世界。它以物质世界为基础，以精神世界为主导，缔造着记载人类精神发展历程的整个文化结构及其历史。

编辑活动便是编制这种文化结构、组成文化建筑群落的创造性活动。

当然，作为科技期刊的编辑，可能没有那么多时间去潜心研究编辑学，但可以了解编辑学，稍懂一点编辑学的内容，对于指导编辑的工作是大有好处的。编辑既不要仅仅忙于每天的文稿编辑，无法从中解脱出来；又不要脱离实际编辑工作，空谈编辑学。把两者有机地结合起来，用编辑学的理论指导编辑实践工作，这样既能掌握一些编辑的学问，也能更好更快更高质量地完成工作。

不可否认，一般编辑的工作日安排太满，实在没有时间；那就利用周末、节假日研究一下编辑学，这样可以提高实践过程中的编辑工作效率，从而可以更好地、更高效率地完成编辑工作。工作效率提高了，也就会有时间来做一点编辑学研究。可见，这两者不是矛盾的，而是相互促进、相互提高的！

这样看来，编辑学者化就不是高不可攀的事了！编辑学者化也就没有问题了。

编辑学者化是我们作为编辑应该尽量去提升自己、教育自己和尽力去实现的目标，也是编辑活动对于编辑素质的要求。这里的学者化，不是一定要有编审职称，没有编审职称，只要有学识、有见地，一样无愧于学者的称号。当然也不是要求所有的编辑一定要学者化，毕竟，老师队伍，也没有要求所有老师都要成为教授吧！

每一个想做好编辑工作的人，都可以成为某一方面的学者或是专家，或是专业的，或是编辑学的。编辑学者化没有问题，这句话需要我们做编辑的同行来共同实践！

当然，不论编辑是否成为专家，都需要在科技期刊的编辑过程中付出劳动，而这种劳动也不是普普通通的简单劳动，而是编辑付出心血、汗水及智慧的创新劳动。

2. 科技期刊编辑的创新劳动及其体现❶

为了迎接全球知识经济时代的到来，我国提出了建立国家"创新体系"的概念，并积极有效地推进国家各部门创新体系的建设。国家创新体系包括知识创新系统、技术创新系统、知识传播创新系统和知识应用创新系统，是由其相关机构和组织构成的网络系统（谢淑莲，1999）。科技期刊作为创新知识和信息发布与传播的主要媒体，是知识传播创新体系的重要元素，在知识与技术传播和应用中起着桥梁作用。科技期刊不仅仅是创新体系中的重要支撑体系之一，也是创新体系中不可分

---

❶ 此部分内容原文发表于《中国科技期刊研究》2007年第18卷第5期第874~875页。收入本书时有修改。

割的重要组成部分，它在现代科学技术的发展和推动科技进步方面发挥着不可替代的作用（李廷杰和郭志明，1999）。作为传播和交流知识的重要媒体科技期刊的编辑，首先应该认识到科技期刊在知识创新体系中的地位及其重要性，认识到编辑在科技传播行为中的主导作用，进而担负起在知识传播创新系统中所承担的重要使命。

众所周知，科技人员是科技创新工作的主体，是科技创新实践认识的设计者和控制者，决定着科技创新活动的目的和性质，同时享受着这一实践认识活动的成果。科技期刊编辑虽不是科技创新活动的主体，却肩负着完善创新的责任，承担着传播创新、传播科学真理的任务，其在创新体系中的作用不可低估。科技期刊编辑的创新应当体现在编辑活动的各个方面和环节，从科技期刊的整体策划、栏目的设置与组稿、到编辑加工、后期反馈信息整理等，无不体现着科技期刊编辑的创新意识及其创新的个性品质（李如森等，2003）。

1）办刊思路要有创新意识

目前科技期刊界的竞争非常激烈，从编辑人才、作者队伍、稿源等办刊资源，到发行、评比等各种指标，处处体现出现代社会的竞争意识。因此每一种期刊都在煞费苦心地突出期刊特色。期刊的特色具体体现在作者队伍、刊载内容、封面和栏目设定、编排等诸多方面。要突出一本期刊的特色，需要编辑、尤其是主编绞尽脑汁，需要编辑部所有编辑的创新意识。设计和策划出一本有特色、有创新的科技期刊，需要编辑人员拥有不同于他人的新视觉、新思路，大胆地想象，合理地构思。可见，期刊特色是编辑部所有编辑创新意识的集中展示，是所有编辑人员创新意识的具体体现，是编辑部集体创新能力的结晶（图3-2）。

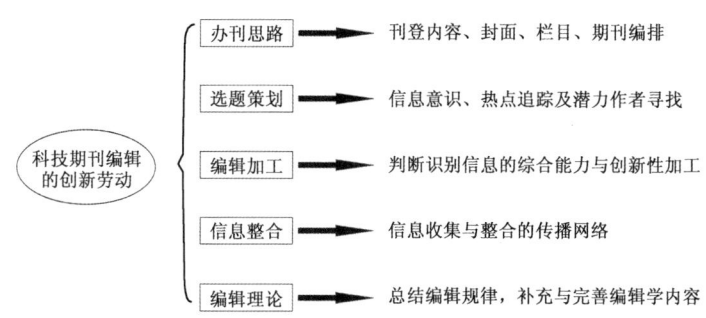

图3-2 科技期刊编辑的创新劳动分析

2) 选题策划需要思维创新

科技期刊编辑工作最根本的任务之一，就是能够敏锐地抓住富有科学价值而又能适合于自己期刊刊登范畴的文稿，这就要求科技期刊编辑不仅要具备广泛的专业知识、娴熟的编辑技能和扎实的语言文字基础，还应具备强烈的信息意识，只有这样才能做好期刊的选题策划工作。主要表现在以下方面：

科技期刊编辑所接触的文稿内容都是各学科领域研究的最新成果和最新学术观点，这种丰富的和得天独厚的科技信息量使得科技期刊编辑比较容易发现科学研究的最新成果和发展趋势，进而看到某种新学科的萌芽。科技期刊编辑要紧紧抓住灵感和契机，策划组织选题，主动寻找具有潜力的优秀作者，向他们约稿，从而完成一个新选题的策划组稿工作。

加强与作者、读者、审稿人的联系，紧密关注国家重点项目（如863攻关项目、自然科学基金项目、国家攀登计划项目、国家重点攻关项目等）的完成情况及将要下达的重点项目。积极参与相关学科学术会议及研讨会，准确把握相关学科的现状和未来发展趋势，从会议和专家讨论过程中去寻找选题，发现科研成果中的闪光点和科技新动向，这样才能组织策划好自己的期刊。

对于选题策划而言，最重要的是要有新意和独创性，要抓住与期刊相关的学科领域的科技热点或疑难问题。积极参加国际学术交流和国际学术会议，放眼世界科技的大舞台，不能固步自封，只看到国内的新动向，因为当今的科技发展是全球化的，好的期刊策划选题内容，应该是全球性的前沿选题。

选题创新也是编辑工作中最富有挑战性的工作内容之一，它充分反映了编辑的学识、掌握信息的灵活性和创新性的才能。

3) 编辑加工劳动需要体现创新

一般来讲，作者的文稿所提供的源信息是无序的、未经过编辑加工整理过的原生信息，相对而言比较粗糙，掺杂混合了高质信息、中质信息和低质信息。作为一名合格的科技期刊编辑需要具备的科技创新能力，首先体现为判断识别信息的综合能力，其次是对文稿的重新组构与完善能力，没有较好的创新与组构能力，就难以让作者的文稿在原有的基础上有所提高。实质上，科技期刊所选择使用的大量信息都是高质与中质信息中的大部分，必须经过精挑细选，去粗取精，去伪存真，必须经过编辑的分类、优化、合成、转译才能形成期刊有序的整体，然后才能公之于众（梁光铁，2002）。

科技期刊编辑的劳动是一种精神产品的再生产，而精神产品的再生产必须是创新的，它的价值就取决于其创新性，否则就等同于精神垃圾。编辑活动的创新性表现为：编辑根据社会需要，用独特的思维方式，选择有价值的精神产品进行加工并使之物化，编辑这种有意识地选择、鉴审、加工使之优化本身就是创新。

编辑加工的思维形式看似简单而直接，实际上却是十分复杂的，是编辑在全面、深入、细致地研究了文稿之后、对文稿进行更深一层的编辑加工处理，它需要编辑复杂思维活动的参与。显然，这种编辑加工能较集中地体现科技期刊编辑在文稿编辑加工中的创造性劳动，是编辑需要着重用力和用心的重要环节，也是科技期刊编辑工作的难点之一，它直接影响到期刊的编辑技术含量和出版期刊的质量（陈华平，2002）。在编辑加工过程中，编辑需综合利用编辑学、专业学术内容等各种思维形式和技术方法，同时需要编辑的智慧和职业敏感性。可见，编辑的深度加工是编辑加工过程中创造性劳动的重要体现，也是能够体现编辑创新劳动的最重要方面。

4）用创新思路做好信息反馈与信息整合

科技期刊编辑在科技信息的传播过程中，在作者与读者之间起着重要的桥梁作用。编辑不仅有责任和义务把作者的创新知识传播出去，还要有义务把读者的反馈意见传达给作者，以便有利于作者在创新工作中更上一层楼。这种桥梁和纽带作用对于科技知识的创新是一种补充和完善，是科技人员再创新的加油站。

在有效地联系审者、编者、读者、作者的信息网络中，科技期刊编辑为其枢纽和信息集结点；在各类信息的收集、整理、传递过程中，科技期刊编辑不是将其简单地汇总或等量信息传递，而是要按一定的规则分类、总结。编辑要分析、研究各种资料，进而形成一个完整的各方都可以接受并且易懂的文档，便于大家共同讨论提高。这种工作本身就极具挑战性和创新性。完成好信息收集与整合工作，需要科技期刊编辑付出具有创新性的劳动。

5) 编辑学理论积累与学术创新

编辑学理论的研究来源于编辑的实践活动。编辑学的提出和深入研究，就是因为有广大编辑同仁从无数的实践经验中发现并总结了规律。我国的编辑学研究期刊除了有《编辑学报》、《中国科技期刊研究》和《编辑之友》等期刊作为学术课堂外，很长时间以来有两大研究基地值得关注：一是南方的华中理工大学，以钱文霖编审为主的关注科技期刊编辑的"科技期刊编辑方法论研究"，已经培养了大批具有硕士学位的复合型编辑人才，取得了丰硕成果；一个是以河南大学为主，不仅形成了一个宋应离、王振铎和张如法等的编辑学研究群体，而且也出版了大量著作，培养了具有硕士学位的复合型编辑人才。华中理工大学培养的编辑研究方向的哲学硕士和河南大学培养的编辑学研究方向的汉语言文字学硕士，多数是在职编辑。他们不仅具有编辑实践，也具有了编辑学理论知识，目前已是我国编辑学界的两支生力军。

科技期刊编辑要完成大量的选题、组稿、审稿和编务等工作，需要"精通"编辑学知识，如科技期刊编辑学、出版学、发行学、编辑出版史、出版经营管理学、版权学、出版原理、编辑控制论、广告学和编辑美学等一系列知识。科技期刊编辑在完成日常工作的同时，要注意编辑经验的积累和编辑学学术问题的学习与研究，丰富编辑学的内容，争取在编辑学上有所创新。

可以说，编辑事业是不断探索、不断创新的事业，不创造就没有新意，不创新就谈不上发展。科技期刊编辑的创新能力主要表现在编辑要对文稿内在的画龙点睛之笔和期刊细微因素的一系列创新研究上，科技期刊编辑的创新能力体现在科技期刊编辑工作的每一个环节。科技期刊编辑要掌握好期刊编辑出版的不同阶段的创新内容重点，适时地为作者和读者提供优质服务，提供高水平和高质量的期刊，为创新知识的传播、为科技知识的积累而努力。

科技期刊编辑是如何将作者的原始文稿加工成为一本本精美的期刊的？编辑加工有哪些方面需要关注？

3. 编辑加工中有机交叉的三步曲❶

编辑工作具有创造性已经被大多数人接受，但编辑只是改改错别字、标点符号的加工匠的说法依旧不绝于耳，而且，编辑队伍中也有不少人认定编辑只是文字加工，不存在创造性之说。笔者认为，过分强调创造性或加工匠都是片面的，应将两者统一起来，一分为二地看待，两者都是编辑加工中的有机组成部分，创造性加工、实质性加工和技术性加工是编辑加工过程中有机交叉的三步曲（图3-3）。

1）创造性加工

科技期刊编辑的创造性加工一般包括3个方面：策划选题、编辑选择和对作者的指导作用。

选题的策划，本身就要求编辑要了解并掌握本学科科技政策和学科的技术发展方向，了解学科的前沿及研究热点，选题对本学科的发展要有指导性和促进作用，能够引领学科发展方

---

❶ 此部分内容原文发表于《出版广场》2002年第3期第19~20页。收入本书时有修改。

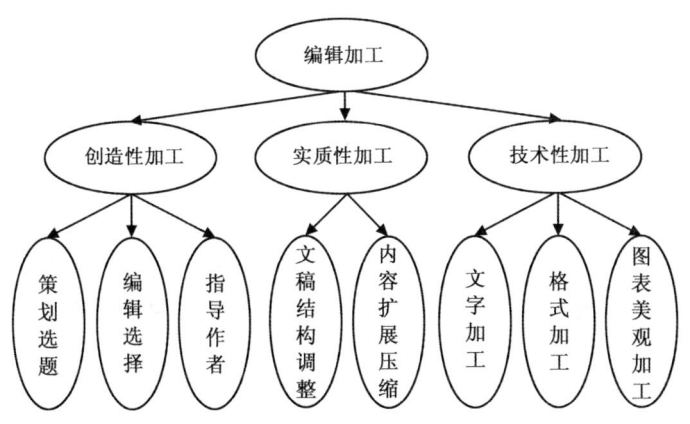

图 3-3 编辑加工三步曲

向;在推动当前科学技术工作方面要有针对性;在解决重大问题方面要有实用性;在促进科学技术发展方面要有预见性。好的选题,要求编辑处理好三个结合和两个平衡,即:重点与一般相结合,以重点为主,做到重点突出;实践与理论相结合,以实践为主,实践丰富理论;现实与长远相结合,以现实为主,现实为未来服务。正文与专栏相平衡,期刊各专业之间相平衡。好的选题,要求编辑必须注意吃透"两头",上头就是要掌握国家发展生产和科学技术的方针政策,学科前沿的主要矛盾和主攻方向;下头就是生产的实际,同时,还要掌握国际科技动态,了解国外的科研动向。好的选题,需要编辑不仅对选题进行纵向分析,同时还要进行横向比较;不仅要考虑选题的新颖性、独创性,同时还要考虑选题的实用性;好的选题,不仅来源于编辑平时的知识积累,更来源于编辑对事物的灵敏反映和洞察力、创造性思维和科学预见能力。

科技期刊所应具有的科学性、学术性、创新性及其社会功能决定了科技期刊编辑活动必须是一种有选择的优化活动（阙道隆，1990；杨勇，1991）。这种选择、优化主要体现在选题设计和审读加工过程中。也就是说，科技期刊编辑活动是一个去粗取精、去伪存真的科技活动过程。编辑选择是指编辑不仅能够从众多的文稿中发现或选择具有创新性的文稿，而且能够挑选出看似没有创新但在某方面稍露突破与创新的文稿，抓住作者文稿中的闪光点，是科技期刊编辑的首要职责。编辑选择中要重视作者的文稿及其思维的突破，不能以人取文，要吃透作者的文稿，反复多次地对文稿进行选择，不让有创新内容的文稿被遗漏。

指导作者修改好文稿是编辑创造性加工的第3个方面。编辑通过审读文稿，能够给作者指出他们应如何和在什么地方对文稿加以重新组织、扩展和缩略，使他们的文稿在理论上更有逻辑性或叙述得更加成功。对整章整节或论点的重新组织应该是作者的责任，但如果编辑认为需要作者文稿进行这方面的加工，编辑必须说明要求重新组织的充分理由，并建议作者如何完成它；如果发现作者在论点中遗漏了一个步骤，或者需要进一步的实验作为依据，这就需要编辑提醒作者去补充完成，以保证文稿的科学性。

2）实质性加工

实质性加工的意思是保证作者在文稿中尽可能清楚和正确地表述出他们想要表达的学术观点和内容，它通常与技术加工同时进行，并包括对语法和错字的改正，对正文的重新组织、扩展或压缩的小建议，以及建议如何才能使题目、重要名词、摘要、统计字数、表格和插图更加准确与精美，文字如何能修改得更加清晰和准确。

题目和摘要的重要性往往容易被作者所忽略，编辑必须引导他们写好这种有情报作用的题目和摘要。题目要用尽可能少的字概括一篇文稿的主题，要做到准确、简洁、明白，编辑一般比作者更加清楚题目在情报检索工作中的用处，所以编辑对需要重新定题的一篇文稿应该毫不保留地给作者提出，只有在作者提出了充分理由来支持他们所喜欢的题目时，才应该允许他们保持原来的说法。编辑要对摘要进行仔细的编辑加工，使之尽可能有广泛的适用性和便于检索，编辑应该确保摘要写得简明扼要，同时，应该代表读者的利益尽可能把文稿中事物的来龙去脉讲述清楚。

实质性加工中还应当包括统计材料的表述和计算的准确性，表格、插图和图例的内容和设计，文风的改进，参考文献等，其中有些内容是和技术性加工相重叠的。

3）技术性加工

技术性加工包括按作者指南规定的各项要求，校核每一部分文稿的格式；按照国际上通行的系统校核名词术语、缩写、单位和符号，或在他们第一次出现时加以必要的说明；文中的字体、字号、希腊字母或其他字母的大小写、正斜体，标题的级别以及许多其他印刷上的细节，都要为排版工人标记清楚。此外，还要检查每篇文稿以及每期刊物的所有必要部分是否齐全。

实质性加工和技术性加工合在一起构成文字加工。

编辑要校核每篇文稿中的标题是否在用词和名词术语方面都是统一的，每个插图的图例也要准确，完整。

在每一个研究领域中，名词术语都已标准化，编辑要引导作者使用已规范化了的名词术语,对作者文稿中的口语及不规范的部分需要进行必要的修改和完善,对作者自己提出的名词术语进行解释说明或是修正,使文稿更加条理化,便于读者阅读。

缩写是为了更易理解那些太累赘的名词缩短了的写法,通常用一个单独的字母或是字母和阿拉伯数字的组合,用来简洁地概括一个概念。缩写、单位标准代号和物理量符号如使用合适显然会使文稿更加清楚易读,但如果用得过多也会产生相反的效果。因此,在文稿技术加工过程中,要敏感地注意到作者的缩写问题,使其在文稿中的出现恰到好处。

4. 学术争鸣能让科技期刊活起来❶

2009年,笔者处理的一篇在基层工作了20多年"年轻人"的文稿,其结果让笔者困惑了两年之久。这位作者根据自己的实践经验和对过去多年研究成果的分析,对以往专家的观点有些不同的看法,于是花费了近一年时间撰写了一篇学术论文。作者在投稿之前就曾通过科学网留言告诉笔者,他的文稿有点"炮轰老专家"的味道,很可能通不过审查。果然,初审编辑认为与传统认识偏颇太大,没有看上,在笔者的建议下破例外审,但没有想到两位审稿专家都不同意发表,意见大概是文稿提到的区域的研究已经很成熟,观点已经统一,学术界不存在疑问,这位作者的观点不易被接受。鉴于作者曾有过的自荐,笔者建议主编找第3位专家再审。主编接纳了此意见,没有想到依然没有通过,最后主编终审只好退稿。其实,作者对问题的阐述也还是有理有据的,论述也不是没有道理,

---

❶ 此部分内容原文发表于《中国科技期刊研究》2012年第23卷第5期第887~888页。收入本书时稍有修正。

就是太挑战传统了。但是因为我们的期刊没有争鸣栏目，让一位作者思考很久的很可能是对传统成果形成挑战的文稿，没有可以发表的平台。笔者一直为此而感到惋惜。

科学研究是具有前瞻性和创新性的工作，其中有所创新与突破的内容很可能不太完善、甚至还可能存在一定的错误，抑或是挑战权威、挑战传统、甚至推翻长期以来被学术界认定为真理的观点。这些文稿，只要是有作者自己的观点，是作者独立思考的结果，而且有一定的论据，尤其是对传统观点具有挑战性的文稿，完全可以发表出来，或许会是对某种学术观点的突破。问题是对于这种学术观点"不正确"的文稿，一般很难正常刊登，虽然，大多科技期刊都在倡导"百家争鸣"，但如果没有合适的栏目，争鸣文稿很难正常刊登出来！

可是：如果期刊仅发表学术观点正确、被学术界接受了的观点与研究方法，那么，科技期刊如何引领学术的创新与发展？对于那些没有被大家普遍接受、学术观点可能"不正确"或许是正确的文稿，是不是也可以给予一定的关注并刊登出来让大家讨论呢？没有证明是正确的观点，就一定不正确吗？为什么不可以刊登呢？对过去认为"正确"的观点，为什么不能反驳呢？没有看得懂的文稿，就一定不科学吗？

1905年，当爱因斯坦把他的第3篇"很难看懂"的文稿寄给莱比锡出版的权威学术杂志《物理学年报》时，主编立即决定撤下5月即将印刷的月报，临时将头版换成爱因斯坦的论文，主编告诉他的编辑说："老实说，这篇论文我也没有看懂，不过我的直觉不会错，这家伙的论文，越看不懂越惊人，抢头条发了，准没有错！"主编的直觉惊人地准确，这篇论文完整地提出了狭义相对论（林彦，2006）。一个有前瞻性而且大胆的主编，不仅是一本期刊的活的灵魂，也是引领科学发展不可多得的人才，没有《物理学年报》主编的"慧眼识珠"，说不定"狭义相对论"还不能及时地为世人所知，当然，不仅要有好的主编，还要有懂得专业、善于钻研的编辑队伍，这样才能形成一种编辑潜心于编辑之外学术工作的气氛。要想真正地引导学术争鸣，编辑的科学素养和学术造诣至关重要（游苏宁，2004）。学术争鸣是办刊人希望达到的境界，学术争鸣也会有利于科技期刊的进步与发展。下面就以地学期刊网期刊设立争鸣栏目为例进行分析。

中国地学期刊网加盟的78种期刊，设立有"争鸣"类栏目的期刊只有6种，其中除《地层学杂志》的"学术讨论"为1991年设立外，其余都是2000年以后开始设立的，虽然争鸣栏目发表文章仅有276篇（表3-1），在浩瀚的地学类文章中所占比例微乎其微，但这些文章活跃了办刊气氛，在一定程度上诱发了思维创新，同时也为期刊带来了较好的声誉，使期刊的各项指标得到了提高。

表3-1 刊有争鸣类栏目的地学期刊网期刊统计

（截至2010年底）

序号	期刊名称	栏目名称	设立年份	发表文章总数篇
1	地层学杂志	学术讨论	1991	144
2	地质科学	学术争鸣（探索与争鸣）	2002	29
3	海相油气地质	讨论与探索	2006	11
4	石油勘探与开发	学术讨论（争鸣）	2006	14
5	新疆石油地质	讨论与争鸣	2004	78

《新疆石油地质》2009年第2期刊登文章40篇，其中"讨论与争鸣"栏目中有1篇文章（张景廉等，2009）。截至2011年7月17日下午17：00，在中国知网上（中国知网，2011），争鸣栏目的文章被下载339次，其他栏目的文章最高被下载287次，全期平均被下载110次。可见此文引起的关注很大，而且对全期的贡献值也比较明显。

《地质科学》2006年第2期刊登文章17篇，其中"学术争鸣"栏目1篇（柳汉祖等，2006）。截至2011年7月17日下午17：53，在中国知网上，争鸣栏目下的文章被引用25次，被下载285次。而此刊当期整期平均被引用次数为15次，平均被下载次数141次。可见争鸣栏目的文章被引用及被下载的次数都远高于该期的平均数。

《石油勘探与开发》2007年第4期在"学术争鸣"栏目发表1篇"油气是可以再生的"（方乐华和张景廉，2007），之后，在2008年第1期"学术争鸣"栏目又发表1篇"关于油气成因的辩论"（张景廉，2008），在2009年第2期"学术争鸣"栏目再次刊登"再论国内油气无机成因理论"（王兰生，2009），形成了一系列讨论文章，对一个话题进行了较为深入的探讨，这一系列文章尽管跨越了3个年头，在读者与学术界还是引起了较大的影响。

可见，争鸣栏目以其学术的争议性、发文的衔接性和论文的集中性，为期刊解决了整体与局部之间、局部与局部之间的矛盾，有利于提高科技期刊的质量，推进学术研究的发展（江星，2001）。鼓励争鸣，不仅有利于学术观点的"百花齐放"，也会保护和倡导作者的创新思维，活跃学术气氛，同时还会增强读者的参与感，最终将促进学科的发展与进步。当然，科技期刊开展学术争鸣，首先应该明确讨论应对事不对人，应鼓励广大读者和作者就学术问题展开讨论，反对将学术争鸣演变成人身攻击（游苏宁，2004）。学术是必须通过争鸣才能进步，而期刊是研究者们进行争鸣的一个很重要的平台，甚至可以说是最重要的平台（李开盛，2010）。但愿有更多的科技期刊能够设立争鸣栏目，但愿科技工作者能够把学术争鸣作为一个常态来接受，从而促进中国科学技术的创新与突破。

参 考 文 献

陈华平. 2002. 科技期刊编辑工作中的深度编辑加工 [J]. 中国科技期刊研究, 13 (2): 156 – 157.

程静. 2006. 科技期刊编辑学的研究现状与学科体系构建 [J]. 汕头大学学报 (人文社会科学版), 22 (3): 47 – 49.

程维红, 任胜利, 刘旭. 2006. 五种中、外农学期刊对比分析 [J]. 农业图书情报学刊, 18 (5): 134 – 138, 157.

丁娜佳. 1994. 科技期刊编辑学的研究 [J]. 山西气象, 总第 26 期 (2): 63 – 64.

方乐华, 张景廉. 2007. 油气是可以再生的 [J]. 石油勘探与开发, 34 (4): 508 – 512.

方正沅, 张翠玲. 1992. 陶毓顺. 科技期刊编辑学研究的现状和展望 [J]. 学报编辑论丛 (第 3 集): 7 – 9.

《古地理学报》(英文版) 编辑部. 2011. 诚聘《古地理学报》(英文版) 责任编辑 [J]. 古地理学报, 13 (6): 698.

顾兆平. 1990. 略论科技期刊编辑的成果体现 [J]. 编辑学报, 2 (3): 169 – 172.

何剑秋. 1988. 建立科技期刊编辑学专业的必要性和可行性 [J]. 情报科研学报, (1): 39.

环球中医药杂志编辑部.2011. 招聘中医科技期刊学术编辑. http://bj. 58. com/zpxiezuochuban/7236744495877x. shtml. [2011 – 09 – 22].

黄颂杰.2011. 学术期刊与学术事业共存 [M] //宋应离编撰. 名刊·名编·名人. 郑州：大象出版社，285 – 290.

江星.2001. 开辟争鸣栏目，倡导百家争鸣. 编辑学报，13（4）：238 – 239.

李开盛.2010. 学术期刊要多争鸣. http://www. cass. cn/file/20100608271307. html. [2010 – 6 – 8].

李廷杰，郭志明.1999. 在建设国家创新体系中·中国科学院期刊定位和发展战略设想 [J]. 中国科技期刊研究，10（增刊）：5 – 7.

李如森，彭彩红，赵福荣.2003. 非主体创新——科技期刊编辑的重要职责 [J]. 编辑学报，15（3）：160 – 162.

梁光铁.2002. 科技期刊编辑：新世纪科技信息编辑出版的中介与中坚 [J]. 右江民族医学院学报，（1）：149 – 151.

林彦.2006. 科学泰斗爱因斯坦 [M]. 长春：吉林文史出版社：69.

柳汉祖，吴根耀，杨孟达，等.2006. 柴达木盆地西部新生代沉积特征及其对阿尔金断裂走滑活动的响应 [J]. 地质科学，49（2）：344 – 354.

鲁星，翁永庆，鲁一同.1992. 科技期刊编辑学的研究对象和范畴 [J]. 编辑之友，12（1）：3 – 6.

聂咏国.1998. 略论科技期刊编辑学研究中科学理论与科学方法的移植 [J]. 编辑学报，10（1）：7 – 8.

彭学勤.1992. 科技期刊编辑学的特点、研究对象及研究范围 [J]. 辽宁大学学报，总第 113 期（1）：54 – 56.

阙道隆.1990. 编辑活动中的选择与优化 [J]. 编辑之友，10（6）：11.

任胜利.2011. 国际顶尖学术期刊的编辑理念与做派：GRL 案例. http://bbs. sciencenet. cn/home. php? mod = space&uid = 38899&do = blog&id = 397861. [2011 – 09 – 22].

王兰生.2009.再论国内油气无机成因理论［J］.石油勘探与开发,36(2):254-256.

王振铎,赵运通.1997.编辑学原理论［M］.北京:中国书籍出版社:12.

翁永庆.1999.科技期刊的发展与编辑素养［J］.编辑学报,11(1):187.

吴小勇.1998.关于科技期刊编辑学研究的一些思考［J］.编辑学报,10(3):125-131.

奚尧生.1992.论科技期刊编辑学的研究［J］.山东医科大学学报:社会科学版,(1):55-58.

肖宏.2000.英国科技期刊编辑与出版掠影［J］.中国科技期刊研究,11(6):419-420.

肖宏.2008.一流刊物离不开一流的编辑人才［J］.科技与出版,(3):19.

谢淑莲.1999.学术期刊在知识创新系统中的作用和任务［J］.中国科技期刊研究,10(1):1-4.

新闻出版总署教育培训中心.2009.新闻出版行业系列培训教材·期刊出版工作法律法规选编（第二版）［M］.北京:中国大百科全书出版社:857.

新闻出版总署教育培训中心.2009.新闻出版行业系列培训教材·期刊出版工作法律法规选编（第二版）［M］.北京:中国大百科全书出版社:873-874.

杨勇.1991.编辑活动特征管窥［J］.编辑之友,11(3):9.

杨勇.1997,科技期刊编辑学研究现状的思考［J］.编辑之友,17(4):47-50.

姚远,陈浩元.2005.科技期刊编辑学的社会基础及学科框架构想［J］.编辑学报,17(5):317-320.

袁正明.1992.科技期刊编辑学研究综述［J］.编辑之友,12(3):3-6.

游苏宁.2004.科技期刊应引导并开展学术争鸣[J].编辑学报,16(5):324-326.

张景廉,石兰亭,卫平生,等.2009.鄂尔多斯盆地深部地壳构造特征与油气成藏[J].新疆石油地质,30(2):272-278.

张景廉.2008.关于油气成因的辩论[J].石油勘探与开发,35(1):124-128.

张揆一.1991.科技期刊编辑的特殊贡献——人才培养[J].编辑学报,3(2):106-108.

张揆一.1993.科技期刊编辑的特殊贡献——著书立说[J].编辑学报,5(4):226-228.

郑晓南,林跃,邹栩.1998.国际科技期刊出版界教育培训现状与动向[J].中国科技期刊研究,9(4):207-209.

郑秀娟.1996.科技写作中数字表达的探讨[J].昆明理工大学学报,21(2):70-72.

郑秀娟.2002.编辑加工中有机交叉的三步曲[J].出版广场,(3):19-20.

郑秀娟.2007.科技期刊编辑的创新劳动及其体现[J].中国科技期刊研究,18(5):874-875.

郑秀娟.2010.科技期刊编辑学研究内容之管见[J].编辑学报,22(增刊):29-31.

郑秀娟,张西娟.2012.学术争鸣能让科技期刊活起来[J].中国科技期刊研究,23(5):887-888.

《中国科学》杂志社.2010a.《中国科学·地球科学》编辑部招聘学科编辑.http://www.yingjiesheng.com/job-000-904-932.html.[2011-09-22].

《中国科学》杂志社.2010b.《中国科学·地球科学》编辑部招聘学科编辑.http://www.scichina.com/new_web_Fa/news.asp?id=1028.[2011-09-22].

《中国科学》杂志社.2010c.《中国科学·技术科学》急聘责任编辑. http：//bbs.sciencenet.cn/home.php?mod=space&uid=38899&do=blog&id=356073.［2011-09-22］.

《中国科学》杂志社.2010d.《科学通报》招聘物理学科编辑.http://www.scichina.com/new_web_Fa/news.asp?id=998.［2011-09-22］.中国医药导刊杂志编辑部.2011.医药期刊采编人员招聘信息.http：//bj.58.com/zpxiezuochuban/5768487579393x.shtml.［2011-09-22］.

中国知网.2011.http：//www.cnki.net/oldindex.htm.［2011-7-17］.

中国标准出版社第四编辑部.1993.作者编辑出版常用国家标准［M］.北京：中国标准出版：562-563.

朱作言.2011.办好"两刊"是一种使命.http：//www.sciencenet.cn/sbhtmlnews/2009/7/221173.html?id=221173.［2011-10-05］.

第四章 科技期刊个案探索

《古地理学报》是笔者目前供职的期刊，也是笔者当作事业而为之竭尽全力奋斗、呕心沥血的期刊。自从2005年以来，不仅全心全意地为期刊的邀稿、编辑而工作，而且从期刊的方方面面研究她，为的是进一步把期刊办得更好。《古地理学报》是一种专业面相对较窄的小众科技期刊，但自1999年创刊以来，没几年的时间就成为中国科技期刊核心统计源期刊，并且不到10年时间成为中文核心期刊，其中必定有其外人不甚了解的办刊策略和方法，解析该刊的办刊经验，也许会对其他办刊人有一定的参考和借鉴意义。果如此，我心足矣！

一、《古地理学报》的办刊之道[1]

《古地理学报》是1999年创办的科技期刊，刊登内容为地质科学中的分支科学——古地理学。创刊后的第3年即2001年就被中国科技期刊光盘版全文收录，第4年即2002年就被中国科技论文统计源期刊（中国科技核心期刊）全文收录（中国科学技术信息研究所，2002），第10年即2008年被中文核心期刊收录，成为30种地质学核心期刊之一（朱强等，2008），目前已被国内外15家数据库收录（冯增昭，2009）。

---

[1] 此部分内容原文刊登于《中国科技期刊研究》2011年第22卷第2期第256~258页。收入本书时稍做修改。

同时，《古地理学报》自创刊以来，每年影响因子均在中国科技期刊统计源期刊所统计期刊排名的前100位之内（冯增昭，2009；中国科学技术信息研究所，2009），这在地质学界引起了很大的反响。是什么原因让一本年轻的期刊在短短的10多年时间内，能在强刊如林的地质学期刊中异军突起？《古地理学报》的办刊之道，有哪些值得总结的经验与教训？

1. 专家出力星捧月，重拳突击创新刊

20世纪90年代，世界能源工业迅猛发展，作为基础学科的地质学研究也是日新月异，成果倍出。古地理学作为地质学的一个研究分支逐渐发展成熟，研究队伍也逐渐壮大，但当时我国还没有一种合适的期刊供学者们交流成果与探讨学术。中国矿物岩石地球化学学会岩相古地理专业委员会的专家们，从1994年8月拟办刊开始，经过了长达5年的筹备与反复探讨，在40多位地质学界专家的鼎力支持下，《古地理学报》终于在1999年1月创刊了；又经过2年多的不懈努力，在地质学界14位院士联名写信的大力推荐下，才在2001年4月拿到了新闻出版总署批准的正式刊号，成为国内外公开发行的期刊（冯增昭，2009）。

《古地理学报》的创刊，不仅显示了期刊主编冯增昭教授的执著与坚韧，也有王英华、杨承运、王德发、沙庆安和刘焕杰等几位副主编的齐心协办，更有大量学者对于创办《古地理学报》的热情支持。正是因为有这些地质学众多专家的支持，期刊才在一开始就有较高的起点。专家们都亲自撰写文章以支持期刊的发展，因此《古地理学报》发表的大部分是院士、教授及专家的高水平文章，可以说是重拳突击，靓丽登场。据统计，创刊第一年第一作者是教授的文章就占全年发表文章的80%，这足以表现学者们众星捧月的力度；这个比例在后几年尽管有所下降，但基本都在40%以上，这保证了期刊能够反映学科前沿、文章具有较高的学术质量。

有众多科学家的支持与帮助，有众多科学家文章的捧场，这是《古地理学报》能够一炮打响、并且能够长足发展的很重要原因之一。

2. 礼贤下士引作者，严谨办刊创品牌

《古地理学报》主编冯增昭教授是我国古地理学研究的领路人之一，在古地理学界乃至地质学界具有很高的声誉和威望，他坚持不懈地向专家约稿，感召了不少学者和专家，纷纷将自己的优秀文稿送到《古地理学报》发表，这在很大程度上保证了期刊的学术质量。对于年轻的作者，作为主编的冯教授就像爱护和关心自己的学生一样付出心血。对于有新观点与新看法但尚未达到发表要求的文稿，冯教授便帮助作者修改、提高，以达到发表水平，这样就培养了一大批年轻而又学有专长的作者；对于一般性的和不适合在《古地理学报》刊登的文稿，主编总会亲自写信，向作者讲清缘由，希望得到作者的谅解，做到退稿不退人，同时，还要送给作者一本最新出版的期刊和总目录，借此希望作者继续关注本刊。主编对待作者的态度，不仅留住了常写文稿的作者，也吸引了许多新的作者。

《古地理学报》对作者的爱护和吸引还表现在审稿周期上。期刊的审稿周期一般是一个月左右。一般文稿，在一个月内基本上可以给作者能否刊用的准确的答复；如果初审未通过的文稿，会在10天之内给作者答复，作者不会耽误太多的时间，就可以再投其他期刊。这在一定程度上也吸引了大量作者。

作者队伍的不断扩大，是保证期刊学术质量的重要前提。《古地理学报》主编办刊的严谨认真态度，在地质学界乃至于期刊界也是出了名的，也成了期刊走进作者和读者心中的主要因素。一般文稿到编辑部后，主编会和作者反复讨论、修改，至少修改二三次后才送审。期刊出版在3次交叉校对、一核红制度基础之上，还要进行一次刊登前的专家审校，即在三校样出来之后，不仅编辑校对，送给作者核对，还有一份专门送给相关专家，请他们在学术与编辑上再把一次关，主编还会亲自校对每篇文章的中英文摘要和中英文图表名，将差错消灭在出版之前。这无疑又给期刊加上了一层保险，将差错率尽可能地降到最低点。十几年来，《古地理学报》的差错率基本上都在万分之一以下。

3. 抬高门槛招编辑，优秀团队共风雨

一份期刊的可持续发展离不开核心竞争力的构建，而人是竞争力中最重要、最活跃的因素，期刊的编辑工作需要大量的知识密集型智力劳动，因此办刊人员的素质与期刊出版的质量密切相关，期刊的核心竞争力需要高层次、高素质的编辑和管理人才（潘月红，2007）。《古地理学报》编辑部牢牢地把握着这一点，并且始终把这个理念付之于引进人才的工作之中。

《古地理学报》创刊之初纯粹是学者办刊。没有编辑出身的人员，主编就千方百计地到处请人，聘用有经验的编辑帮助办刊。先后聘用过不同期刊社的编辑多人，其中最重要的是聘用了《岩石学报》的原执行主编周云生先生。周先生把他在《岩石学报》多年的工作经验，毫无保留地带了过来，他在《古地理学报》工作3年，和主编默契配合，一人主抓学术，一人主抓编辑，为期刊的发展及各项制度的形成与建立起到了至关重要的作用。

在引进新编辑时，编辑部的要求也很苛刻，从2004年开始，《古地理学报》就公开招聘具有博士学位、愿意从事编辑工作、专业出身而且文笔好的编辑，同时要求有科研工作经验者优先。目前《古地理学报》的4个编辑中，除了最早进入到编辑部的1名编辑是硕士外，后来的3名编辑都是博士，而且4人均有一定的一线科研工作经验，这为办好期刊奠定了良好的基础。在选择编辑时，编辑部还十分注意编辑的专业搭配，尽量使几个编辑的专业能够覆盖期刊的全部内容，从而基本上做到专家型编辑办刊，保证期刊的学术质量与编辑质量。

期刊的质量是编辑人员素质的一面镜子，编辑的科学素养对期刊的学术质量影响甚大，只有经历了一定的科学研究实践，具备了一定的科学素养，才能准确把握文章所涉及的研究目的和思路，准确判断文章的学术水平，筛选出高水平的学术论文（王亚俊和塔世根·加帕尔，2008）。除了强调编辑的编辑专业水平，编辑部也十分注意编辑的业务水平，4名编辑均参加过责任编辑和主编培训班、英文编辑培训班等，以提高编辑的综合素质。此外，《古地理学报》4名专职编辑，都是十分敬业而且认真工作的人，他们不仅从主编那里学到了严谨认真的学术态度，默默耕耘、不求回报的奉献精神，同时也具有创新精神和强烈的事业心，都把办好期刊当作自己的事业。当所有的人都把工作当作事业来做时，这份工作就一定能够做得最好。

4. 实名审稿扩团队，谨小慎微编期刊

《古地理学报》10年来一直坚持采用实名审稿制，即对专家公开作者的姓名，同时一般对作者也不隐瞒审稿专家的名字，甚至有些是让导师评审自己学生的文章，采用导师负责制。只有在审稿专家要求隐瞒时编辑部才对审稿单进行处理（郑秀娟，2009）。

专家审过的稿件到了编辑手中，编辑还要对文稿进行精雕细琢，从学术术语到编排格式处处加小心，以防出现编校错误，真的可以说是谨小慎微。在尊重作者观点、尊重作者写作方式和用语习惯的基础上，编辑先要掌握文稿结构，弄懂学术观点与研究方法，然后从格式、图例，到句法、错别字和标点仔细斟酌，每一个有可能影响文稿刊出质量的蛛丝马迹都不放过，有时为了一张图件的精美与准确，编辑要反复从几个角度进行加工设计，找到认为满意的构思后和作者商量，征求作者的意见，直到双方都满意为止。稿件的编校质量、甚至学术质量，都在编辑和作者的反复探讨中得到一定的提升。《古地理学报》编辑部这种不放过每一个细节的作法，得到了作者和读者的一致认可与好评。作者与读者的认同与满意，是对编辑在加工过程中付出心血的最好回报。

5. 重视引领学术潮，学科期刊共发展

《古地理学报》的诞生，应该说起源于中国矿物岩石地球化学学会岩相古地理专业委员会，正是由于这个专业委员会团结了很多的学者与专家，才使期刊得以创办与发展，同时，期刊的发展，也促进了专业委员会作用的进一步发挥，因为有期刊作为学术交流的平台，提升了专业委员会的地位，扩大了影响，从而促进了古地理学的学科发展。古地理学研究内容的扩展就是有力证明。

按传统的定义，古地理学是研究地质历史时期自然地理特征及其演化的科学（冯增昭，1999）。这个定义所限定的学科内容仅属于地质学的范畴。2002年12月，在香山科学会议197次学术讨论会上，全体与会专家对古地理学定义的修正达成共识（冯增昭，2003），即古地理学是研究地质历史时期和人类历史时期自然地理特征及其演化的科学。学科内容的拓宽，使《古地理学报》刊登的内容也进一步拓宽，出现了一些崭新的栏目，如"人类历史时期古地理学"、"古今地理环境及人类文明"等，一些用人类历史时期的文献资料、考古资料、近代的遥感资料等，研究近几千年、近几百年、甚至近几十年前的自然地理（包括古气候）特征及其演变的文章，就在《古地理学报》中陆续出现了（冯增昭，2009）。

古地理学涉及的学科甚多，它是一门综合性很强的地球科学，主要属于地质学，也涉及自然地理学及人类历史时期古地理学。它不仅有重要的科学意义，还有重要的生产实践意义，并且与各种生物以及人类赖以生活和生存的古今自然地理环境密切相关。因此，在栏目设置方面，也做出了相应的调整，增加了相应的栏目，10多年来，《古地理学报》的栏目已经从第1卷时的5个扩大到第12卷时的10个，除主打栏目"岩相古地理学及沉积学"每期必有外，其他根据栏目内容需要，定期进行选择调换，以照顾到古地理学的所有学科内容，从而更好地引领学科的发展方向。学科的发展，促进了期刊的繁荣；期刊的繁荣，又反过来引领学科的进一步向前发展。《古地理学报》与古地理学就处于这样一个良性发展之中。

可见，一切为了学术，紧紧围绕学术，为学术的发展与研究搭建平台，这是学术类期刊始终不能忘记的社会责任，也是期刊能够健康发展的力量与源泉。《古地理学报》创刊以来所走过的路，也正说明了这一观点。同时也说明，办好科技期刊，一定要做到学者办刊，要用学者的严谨认真态度来办刊，只有既懂专业、又懂编辑学、同时热爱编辑事业的人才办刊，才能办好科技期刊，从而引领学科的进一步发展，为人类文明做出期刊应有的贡献。

二、《古地理学报》实名制审稿的得与失❶

早在10年前，就在《古地理学报》刚刚创刊时，国内学者钱寿初（1999）就曾指出"目前可实行的是无论稿件录用与否，可将审稿的原始意见及审稿专家都告诉作者，在审稿专家同意的情况下，将审稿专家姓名连同论文一并刊出。"近年，金晓明（2007）也曾指出"学术期刊审稿方法的发展趋势是审稿过程的公开化和审稿手段的计算机化"。但到目前为止，国内期刊界采用实名制审稿的还比较少。在国内外普遍采用盲审制的情况下，《古地理学报》10年来一直坚持采用实名审稿制，即对专家公开作者的姓名，同时一般对作者也不隐瞒审稿专家的名字，甚至有些是让导师评审自己学生的文章，采用导师负责制。只有在审稿专家要求隐瞒姓名时编辑部才对审稿单进行处理。在此从《古地理学报》实名制审稿10年来的得与失，探讨科技期刊审稿制度的利弊与发展趋势。

1. 审稿专家的义务与权利

审稿是专家对编辑部送审作者文稿的科学性、创新性、学术性、实用性以及文稿结构、图表严谨程度等方面做出全面、客观、公正的学术评价。审稿的任务是审查鉴别稿件、正确评

---

❶ 此部分内容原文刊登于《编辑学报》2009年第21卷第5期第425~426页。收入本书时稍做修改。

价稿件、提出处理意见及发现和培养人才（王立名，1999）。可见，审稿专家在审稿机制中起着十分重要的作用，同时审稿专家与期刊编辑又共同维护着科技期刊的荣誉。

一个称职的审稿专家不仅要具备深厚的专业理论知识，还必须对本学科的研究现状和发展趋势全面掌握，只有这样才能对所审稿件进行客观评价。所以审稿专家必须是站在该领域前沿而正在全力投入该领域研究的人（龙爱良，2001）。同时，审稿专家还须是热心于科技出版事业的人，是具有公正、公平评价学术质量的人，是心胸宽广、海纳百川的人，只有这样的人才能成为一个合格的审稿专家。此外，审稿专家还应该具有较高的文字水平，应具有较扎实的中文写作能力和较高的外语水平（马永祥等，2001），还要有充足的时间和精力来完成审稿工作任务（贺文，2006；郑铭和冯琪，2006）。

2. 盲审制的弊端

盲审制是绝大多数期刊普通采用的审稿制度，可以说是好处多多，但也并非完美无缺，也有一些问题（冯远景等，2001）。总体上看表现在两个方面，首先是对投稿人和审稿专家姓名实行双向保密，从本质上说，是对双方的不信任、不尊重，也是有悖于科学道德准则的；其次，盲审制近似于黑箱操作，审稿专家在保密状态下对投稿人的工作进行重要的或决定性的评判。投稿人在无法辩解的情况下，获得可能不太合情合理的判决。

从审稿专家角度看，有些审稿专家认为文稿编辑和主编已经看过，而且评审情况不会向作者透露，自己做到什么程度都无所谓，对作者的帮助也无法得到作者的认可，这很可能影响到审稿专家积极性的发挥。甚至个别审稿专家对具有独创性的文稿予以否定，压制其发表（黄劲松和杨兵，2004），尔后自己主攻该方向，这样就容易埋下行为道德失范的隐患。

从作者角度看，盲审制投稿作者不知道是哪位专家评审自己的文稿，如果有不同意见，没有办法与专家进行直接的交流沟通，既不利于作者及其学术水平的提高，也不利于文稿的修改与发表。

此外，盲审制难以防范人情稿和关系稿。因为，只要编辑部找的专家是目前正在从事该研究的人，他就会对该研究内容及研究人员了如指掌，他就可能和作者有着或多或少的联系，专家从文稿内容也能判断出文稿出自何人之手；同样，作者也很清楚目前哪些专家从事这方面的研究工作，扣除回避的人，文稿很可能由哪位专家评审。实际上，即使双盲审稿，审稿专家也能够准确地猜出作者是谁，其准确率达到40%以上（欧阳晓黎等，1999）。与其让专家和作者都进行猜测，还不如不匿名的好！

3. 实名制审稿的好处

信任本身就是一种最好的约束。无论审稿专家的地位有多高，都希望能得到学术界的广泛信任与尊重。实名制审稿，就是对审稿专家和投稿专家的最大信任与尊重。这本身也是对所有审稿专家及投稿专家的一种无形的约束，他必须站在公平、公正的角度上去看问题，否则就会失去编辑部及学术界对他的信任。同时，实名制审稿可以真正实现作者与审稿人之间的地位平等，增进学术界同仁间的相互信任与合作（金晓明，2007）。

从审稿专家的角度来看，实名制审稿，可以让审稿专家对文稿及作者"知情"，自己来判断是否需要回避或是不作审稿。审稿专家有权知道作者的单位和姓名等背景信息，以便对投稿人的文稿进行评议（冯远景等，2001）。审稿的目的不是枪杀文稿，而是对文稿从学术的角度进行审查，提出修改意见或是存在的不足，是为了帮助提高作者文稿的学术水平与质量，是对作者无偿的帮助，因而，如果审稿专家意见是中肯而刊用的文稿，就会将审稿意见在不隐藏审稿专家姓名的情况下给作者参考，让作者也知道是谁为他文稿水平的提升尽了一份力，审稿专家的劳动可以得到编辑部及作者的共同尊重。如果审稿专家意见过于尖锐，而且编辑部也不准备再用的文稿，则不向作者透露审稿专家信息，以免引起作者与审稿专家之间的误解。

从作者的角度看，实名制审稿可以帮助他们建立与本专业知名学者之间的联系纽带。大多数作者倾向于公开审稿制度（钱寿初，1999），希望找到慕名很久的审稿专家帮他审稿，以提高文稿的学术质量，找到自己研究中存在的不足与缺憾，然而作者有时候和审稿专家并不相识，通过编辑部这个平台，让其沟通，既帮助作者提高了文稿质量，又以审定文稿为契机，为作者找到了事业上指导其前行的老师。

实名制审稿的实践中，也发现这种审稿体系的确是有许多益处，主要表现在4个方面。

益处之一：有一大批稳定的作者及专家队伍，而且还在不断地扩大。在这个队伍中审稿专家与投稿作者相互促进，共同提高学术水平，形成了"投审相长"的良好势态，因为实名制防止了道德失范现象的发生。

益处之二：培养了年轻的作者队伍。因为有老一代专家作为审稿队伍，建立起了老一代专家与青年作者之间的桥梁与纽带，年轻作者很愿意通过编辑部为他联系上他敬仰的专家，向专家请教一些学术问题，为学术上的传、帮、带起到了一定的作用，鼓励了一大批年轻专家投稿。同时，目前已经有相当大的一批年轻专家看到了实名制审稿的好处，愿意加入到实名制审稿队伍，在相互信任与尊重的基础上进行公正的审稿活动。

益处之三：审稿周期相对较短，吸引了大批作者投稿。相对而言，年轻专家处于科研一线，时间紧、科研任务重，而老专家一般相对时间富裕一些，所以审稿速度相对快，能在要求时间内将稿件审回。一般稿件送两个审稿人，一位年长专家、一位年轻正在一线的研究者。如果先期返回的审稿意见和编辑部基本相近，责任编辑就可以在退改稿件的同时等待另一位审稿人的意见，这样大大地缩短了审稿周期。

益处之四：实名制审稿，审稿人因知道作者是谁，可以了解作者的前期工作、现状和进展，有利于发现张冠李戴、可能的剽窃行为和一稿多投等不良现象（金晓明，2007）。

4. 实名制审稿实践的局限性

通过《古地理学报》10年实名制审稿的实践，作者认为实名制审稿也存在一定的局限性，主要失误有三。

失误之一：个别审稿专家看到自己认识或是朋友的文稿，就会放宽审稿要求，仅是针对一些细枝末节的修改，不能一针见血地指出文稿存在的致命问题，有时难免手下留情、网开一面，这样不利于公正地评价论文质量（武小琳和钱文霖，2004）。这给编辑的后期退改与编辑加工造成很大的障碍，有时甚至编辑会发现文稿存在较大的学术问题，审稿专家却避而不谈，也不指出此问题的修改建议，只好和审稿专家或主编研究后退稿。同时，专家审稿有时也带有主观性，如果审稿人对某种研究方法、某一作者或其所在单位存有偏见，有时会不自觉地反映到评价结果中来（武小琳和钱文霖，2004）。

失误之二：审稿专家队伍扩大较缓慢。因为大多数科技期刊采用的是双盲审，造成很多专家习惯于盲审而不愿意向作者透露自己的信息，因而也就不愿意成为实名制审稿专家队伍中的一员，这就形成一个学术狭窄圈。圈内的人都是相互认识、相互熟悉，学术观点相似或相近，难以从不同的角度提出中肯的、对文稿有较大提升的意见。审稿人队伍偏小，审稿人信息老化，导致审稿的盲目性和随意性（任汴，2000）。

失误之三：审稿专家老龄化严重。年龄较大的专家，愿意实名制审稿，他们已有权威性存在，不怕个别心胸狭窄的作者的嫉恨与报复，而年轻一代的专家顾虑就较多，尽管十分感谢编辑部的信任，但怕得罪作者，怕以后会有报复行为或不好相处，或形成学术界的敌视现象，因而或是不审稿，或是降低审稿要求，从而造成编辑部误认为老专家的审稿质量比年轻专家审稿质量高，更多地依靠老专家审稿。因很多老专家已经不在科研一线，尽管老专家的知识丰富，时间也相对充足，但知识更新较慢，甚至可能多年不再从事科研，对学术动态及发展了解的不够全面，容易造成审稿失误。

当然，随着社会的发展和人类社会的道德提升，信任与公正越来越得到社会的推崇与尊重，学术界的专家作为人类科学领域的领头羊，更会愿意得到学术界和社会的信任与尊重，这样，匿名审稿将有可能被实名制审稿所代替，成为学术界的主流审稿制。在我国这也许不是遥远之事（钱寿初，1999）。

三、《古地理学报》前 10 年载文分析

1. 作者群分布

创刊十多年来，《古地理学报》作者的单位多达 81 个，

范围涉及全国的25个省、市、自治区,其中发文量最多的城市是北京,总计341篇以上,5篇以上发文的单位11个之多;其次是湖北、江苏、四川、陕西、上海等省市,这些地区的10年总发文量均在20篇以上(表4-1)。

表4-1 《古地理学报》1999—2010年主要作者单位文章数

作者单位名称	所在省市	文章数篇	作者单位名称	所在省市	文章数篇
中国石油大学(北京)	北京市	114	中山大学	广东省	12
中国地质大学(北京)	北京市	56	北京师范大学	北京市	11
中国石油勘探开发研究院	北京市	39	中国石油长庆油田公司	陕西省	10
中国科学院地质与地球物理所	北京市	38	中国科学院植物研究所	北京市	10
中国地质大学(武汉)	湖北省	36	中国矿业大学(徐州)	江苏省	9
中国矿业大学(北京)	北京市	23	中国石油化工集团公司	北京市	8
成都理工大学(原成都地质学院)	四川省	21	华东师范大学	上海市	8
长江大学(原江汉石油学院)	湖北省	19	中国科学院南京地质古生物所	江苏省	8
中国地质科学院	北京市	18	中国海洋石油公司	北京市	7
北京大学	北京市	17	吉林大学	吉林省	7
中国石油大学(华东)	山东省	15	西南石油学院	四川省	7
同济大学	上海市	13	河南理工大学(原焦作工学院)	河南省	7
南京大学	江苏省	13	中国石油辽河油田公司	辽宁省	6
西北大学	陕西省	12			

1) 作者地区分布分析

从作者的地区分布数来看，自 2001 年起，《古地理学报》的地区分布数一直在 10 个以上，最多时是 2004 年的 16 个，一般为 13～14 个，这和期刊所刊登文章的内容有关，因为《古地理学报》登刊的内容相对较窄，而且是学术类期刊，因此作者所在的研究机构与大学分布相对稳定，不会有大起落的现象，也注定不会扩展太多的地区

2) 所属单位分析

十多年来，在《古地理学报》上发表文章数在 10 篇以上的单位有 18 个单位，其中包括大学 13 所，中国科学院研究所 2 个，中国地质科学院，中国石油下属研究机构 2 个（表 4-1）。发表文章最多的单位是第一主办单位中国石油大学，北京与华东两个校区合起来有 129 篇，其次是中国地质大学，北京与武汉两个校区合起来有 92 篇，第三是中国科学院，地质与地球物理研究所、植物研究所和南京地质古生物研究所合起来发表文章 56 篇，中国石油的研究院与两个二级研究院合起来发表文章 55 篇，这 4 个单位发表的文章总计 332 篇，占发表文章总数 662 篇的 50.15%。发表文章数量处于第二梯队的是中国矿业大学 32 篇，中国地质科学院 18 篇、长江大学（原江汉石油学院）19 篇和成都理工大学（原成都地质学院）21 篇，合计发表文章 90 篇，占发表文章总数的 13.59%。以上单位发表文章数平均每年都在 1 篇以上，构成了《古地理学报》的核心发表文章单位，他们发表的文章总数占期刊发表文章的 63.74%。

2. 核心作者分析

发表文章在 5 篇以上的作者有 12 人，发表文章为 4 篇的

作者有8人,发表文章为3篇的作者有16人(表4-2)。这36位作者发表文章164篇,占《古地理学报》前10年发文量的24.77%,几乎接近四分之一,构成了期刊的核心作者群。

表4-2 《古地理学报》1999—2010年发文数3篇及以上的作者

作者	发文数	作者	发文数	作者	发文数
冯增昭	28	顾家裕	4	旷红伟	3
梅冥相	10	贾进华	4	刘春莲	3
邵龙义	9	姜在兴	4	沙庆安	3
杜远生	6	林春明	4	覃建雄	3
吴浩若	6	孙镇城	4	佟彦明	3
何幼斌	5	许清海	4	杨 平	3
金振奎	5	张 琴	4	杨式溥	3
吴根耀	5	朱如凯	4	杨玉卿	3
朱筱敏	5	包洪平	3	翟秋敏	3
纪友亮	5	范嘉松	3	张学珍	3
刘洛夫	5	高金汉	3	张永生	3
王张华	5	江德昕	3	周兴熙	3

从表4-3可以看出,《古地理学报》发表的文章以教授与副教授为主,发表文章数占期刊发表文章数的61.6%,其次是博士和讲师、工程师,发文数占期刊的29.3%,此外是少量的优秀硕士论文与本科生文章,发文量小于10%,这和期刊的学术地位及培养新人的目的是相符的,作为科技期刊,重点是发表具有学术地位的专家的文稿,以便引领科学技术的发展,同时期刊还兼有培养人才的目的;因此也适量发表博士生与硕士生的文稿,以达到发现新人、培养科技新人的目的。

表4-3 《古地理学报》1999—2010年不同职称及学历作者文章数

年份	发文数（百分比），篇（%）					
	教授、研究员	副教授、副研究员	讲师工程师	博士后、博士生	硕士生	本科生
1999	36（80.0）	4（8.9）	3（6.7）	2（4.4）	0（0.0）	0（0.0）
2000	19（44.2）	10（23.3）	11（25.6）	3（7.0）	0（0.0）	0（0.0）
2001	21（46.7）	9（20.0）	7（15.6）	7（15.6）	1（2.2）	0（0.0）
2002	17（36.2）	11（23.4）	5（10.6）	12（25.5）	2（4.3）	0（0.0）
2003	19（41.3）	8（17.4）	3（6.5）	14（30.4）	2（4.3）	0（0.0）
2004	21（38.9）	16（29.6）	7（13.0）	9（16.7）	1（1.9）	0（0.0）
2005	22（41.5）	12（22.6）	2（3.8）	15（28.3）	2（3.8）	0（0.0）
2006	27（49.1）	14（25.5）	1（1.8）	7（12.7）	6（10.9）	0（0.0）
2007	24（38.7）	14（22.6）	9（14.5）	8（12.9）	5（8.1）	2（3.2）
2008	25（35.2）	18（25.4）	8（11.3）	14（19.7）	6（8.5）	0（0.0）
2009	23（32.9）	11（15.7）	9（12.9）	16（22.8）	11（15.7）	0（0.0）
2010	18（25.3）	9（12.7）	8（11.3）	14（19.7）	21（29.6）	1（1.4）
总计	272（41.1）	136（20.5）	73（11.0）	121（18.3）	57（8.6）	3（0.5）

3. 论文合著率趋势

2000年左右，发表文章的作者人数以1人为主，其次是2~3人合著，合著者在5人以上的文章较少；2002年以后，发表文章的作者人数呈现出以3~5人合著为主，并且多于5人合著的文章数逐年增多（表4-4），比如，2006年作者少于3人的文章占总发文的20%，3~5人合著的文章占到58.2%，在一半以上，而多于5人的发表文章占29.8%；2010年作者少于3人的文章占总发文的17.1%，3~5人合著的文章占到57.1%，在一半以上，而多于5人的发表文章占

31.8%。可见合著人数增加的趋势比较明显，但仍以 3~5 人为主要的合著为主。从作者平均数来看（表 4-4），1999 年的平均每篇文章的作者人数为 3.39 人，2000 年略有下降，平均每篇文章的作者人数为 3.25 人，之后显现出明显的逐年上升趋势，到 2006 年上升到 4 人以上，最高是 2009 年，平均每篇文章的作者人数达到 4.51 人。10 年期间，平均每篇文章的作者人数上升了 1 人。合著人数的明显上升，一方面说明科研工作的合作性越来越强，每项成果都是大家集体智慧的结晶；另一方面，也和现在学术腐败有关，不排除有些作者纯粹是为了某种利益而挂名。这两者都是值得关注的现象。

表 4-4　《古地理学报》1999—2010 年每年不同作者人数的文章数量

年份	不同作者人数的文章数量，篇										
	1	2	3	4	5	6	7	8	9	10	平均
1999	10	7	8	5	3	2	4	2	0	0	3.39
2000	22	15	16	12	7	8	4	3	0	0	3.25
2001	10	5	12	7	5	2	0	1	3	0	3.54
2002	4	8	8	15	5	3	1	0	0	0	3.55
2003	5	7	9	11	5	4	3	0	1	1	3.74
2004	7	2	17	11	9	5	2	1	0	0	3.89
2005	10	3	7	9	6	7	5	4	0	0	3.76
2006	6	5	11	13	8	6	3	3	0	0	4.07
2007	8	5	13	12	10	9	4	3	1	0	4.06
2008	4	6	11	18	9	13	6	3	0	1	4.24
2009	4	6	14	9	13	16	4	4	1	0	4.51
2010	4	8	15	11	14	8	6	3	0	1	4.24

4. 基金论文统计

基金论文统计数据来源于中国科技期刊引证报告（核心版），因此数据仅为 2001—2009 年的。从表 4-5 可以看出，《古地理学报》的基金论文除 2001 年较低（0.43）外，其他各年均在 0.60 以上，并且显现出逐年增长的趋势，但到 2007 年似乎出现了拐点，达到最高 0.85 后，2008—2009 年都显现出了下降的趋势，这一方面和期刊发表文章数增多有关；另一方面，科研成果有限，随着相关期刊发文量的增加，必然会使基金论文比显现出下降趋势。

表 4-5　2001—2009 年中国科技期刊引证报告（核心版）中《古地理学报》的相关指标

年份	影响因子及其排序		总被引频次及其排序		即年指标	他引总引比	引用刊数	被引半衰期	基金论文比	平均引文数	来源文献量	地区分布数	机构分布数
	影响因子	排序	总被引频次	排序									
2001	0.953	29①	59	1087①	0.409	0.34	18	1.57	0.43	16.5	45	10	22
2002	0.759	86②	92	1077②	0.149	0.46	24	2.16	0.60	16.43	47	14	20
2003	0.978	72③	147	1031③	0.065	0.48	35	2.64	0.67	26.39	46	13	23
2004	1.591	20④	323	675④	0.333	0.37	43	2.90	0.65	36.8	54	16	29
2005	1.670	20⑤	435	653⑤	0.269	0.42	56	3.60	0.77	40.94	53	13	27
2006	1.311	53⑥	421	849⑥	0.073	0.65	80	3.90	0.75	23.04	55	14	28
2007	1.794	27⑦	636	671⑦	0.274	0.58	79	4.22	0.85	45.90	62	14	29
2008	1.386	54	608	795	0.129	0.70	14	4.61	0.81	26.07	70	13	28
2009	1.508	35	836	679	0.171	0.73	89	5.20	0.73	34.23	70	14	33

①2001 年 1447 种期刊排序。
②2002 年 1534 种期刊排序。
③2003 年 1576 种期刊排序。
④2004 年 1608 种期刊排序。
⑤2005 年 1652 种期刊排序。
⑥2006 年 1723 种期刊排序。
⑦2007 年 1765 种期刊排序。
⑧2008 年 1964 种期刊排序。
⑨2009 年 1946 种期刊排序。

5. 他引率与自引率发展趋势

中国科技期刊引证报告（核心版）中《古地理学报》历年来的相关指标如表4-5。

据《中国科学学术期刊引证报告（核心版）》统计，《古地理学报》自2001有他引率后，指标一直呈现上升趋势（图4-1），历年数据分别是0.34，0.46，0.48，0.37，0.42，0.65，0.58，0.70，0.73。尽管是逐年增加的趋势，但是，他引率没有能够达到0.8以上。这一方面和《古地理学报》所涉及的学科领域有关，属于小学科，研究人员范围的有限，应用范围也具有一定的局限性；另一方面，期刊宣传不够，没有将期刊在学科领域内进行广泛地宣传，因此知道《古地理学报》的人只局限于作者与编委等较小的范围内。随着期刊网站免费下载的建立，相信会有更多的读者与作者看到《古地理学报》，他引率会有进一步的提升（图4-2）。

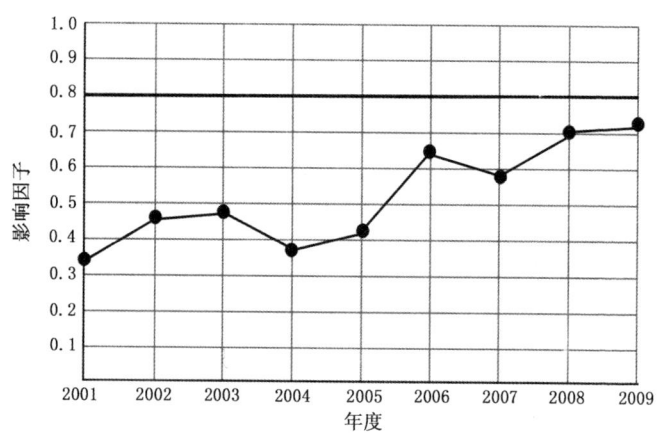

图4-1　《古地理学报》在《中国科学学术期刊引证报告（核心版）》上的历年他引率

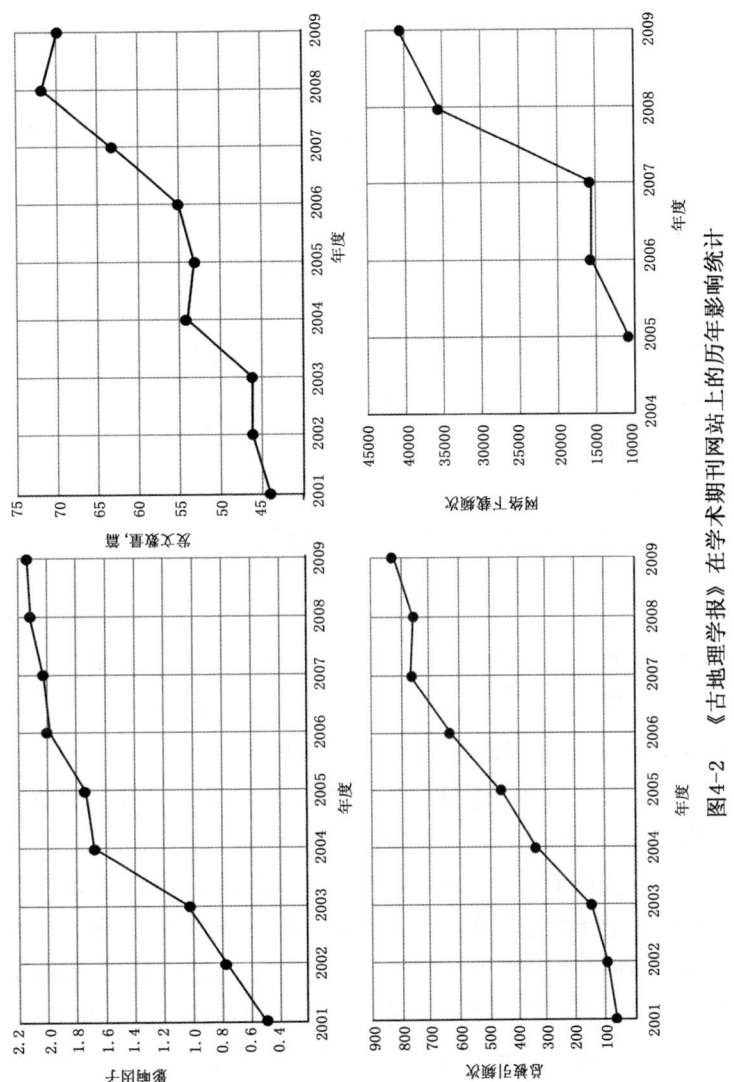

图4-2 《古地理学报》在学术期刊网站上的历年影响统计

四、《古地理学报》的办刊方向思考

1. 思考之一——与中国精品期刊的距离

《古地理学报》是"中国科技核心期刊",也是"中文核心期刊",但不是"中国精品期刊",更不是"中国百种杰出学术期刊"。《古地理学报》离后面两种评刊标准有多远?有希望进入到"中国精品期刊"之列吗?

笔者认真地对比了一下"中国精品期刊"与"中文核心期刊"内的地质科学期刊,发现进入到"中国精品期刊"的都是在"中文核心期刊"的前15名之内,而《古地理学报》是排在第21名的位置,似乎离"精品"的距离还不算太远。但是,排在前面的期刊,似乎都比《古地理学报》占有更多的各种优势,但就这点距离,也够我们再努力几年了。

《古地理学报》的办刊时间太短,到2012年才出版到第14卷,而且是双月刊,每期页码才144页。办刊时间短,显然总被引数就上不去,因此对地质学的总贡献较小;刊登内容有限,在发表地质学的总文献中所占的比重就小。可见,这两者成了制约期刊排名进一步提升的最主要原因。

历史需要积累,不可能靠人为来加长,仅有这几年的办刊历史,也只能如此,需正视历史。

刊发文章量较小,这个是唯一可以改变的,但文章也不能为此而一下子增加到很多,还需一步一个台阶地去做。目前编辑部组稿与来稿量都比较大,已经出现了稿件积压太多的现象,如果一直如此,就可以考虑适当增加页码,增加发文量,这样可以提高《古地理学报》文章在地质学总文献中所占的比例。

办刊经验要积累，文章要积累，作者群要积累，读者群也要积累。在得到更多人认同的情况下，期刊的人气将会越来越旺，期刊也才能越办越好！希望有一天，《古地理学报》能够成为"中国精品期刊"。

2. 思考之二——封面设计

封面尽管不参与期刊评价，但封面影响评价人的情绪，可能也间接地成为《古地理学报》难以进入"中国精品期刊"的影响因素之一。

《古地理学报》虽然封面不太理想，但在封面设计上绝对没有比其他期刊少下功夫。

创刊之初，主编就曾经多次找人设计封面，但都没有被主编接受。主编心里有一个模糊的想法，设计者总也达不到他认为的理想封面，于是就用最简单的蓝黄两色作了封面。理念是蓝色代表大海，黄色代表陆地，大海与陆地组成了古今地理环境。

笔者来编辑部后，也曾找人设计了几个封面，样子是在原来严谨的基础上增添新颖活泼元素，尽管编辑部的人大部分都同意了，认为其中有两款完全可以择优选用；但所有设计都没有进入主编的"法眼"，他老人家没有看上。于是还是没有改变原来的样子，依旧是蓝黄两色的"古朴"封面（图4-3）。

2012年《古地理学报》创办英文刊，想借此机会改变一下中文版的封面风格，也把封面做得具有现代气息一点，请人设计了封面，主编还请人设计封面刊徽，但最后依然没有被主编看中，结果很可能，英文期刊不仅没有给中文期刊带来好的封面，连英文刊的封面也不得不与中文刊相近，很难看出设计

图 4-3 《古地理学报》封面样式

与创意理念(图4-4)。

封面改起来也着实不易,如果能够突破,除非以下两条之中的一条能够做到:一是有能人可以想出办法改变一下主编的思维定势;一是有人能够完全琢磨透主编的想法,创意既有现代气息又能够完全符合主编的意图。

第四章 科技期刊个案探索

图4-4 *Journal of Palaeogeography*(《古地理学报》(英文版))

按理设计一个好的封面可以为期刊增色，这本身没有多难，但这要实际问题实际分析。对《古地理学报》而言，这个改变还需要艰苦卓绝的努力，这份努力，不亚于对于期刊其他方面的努力。

3. 思考之三——期刊内容喜忧参半

《古地理学报》刊登文章的内容，让人几多欢喜几多愁，可以说是喜忧参半。

《古地理学报》主要刊登地质内容的文稿，也刊登自然地理、环境甚至人文地理内容的文稿。这符合"古地理"的定义，但"古地理"至少目前没有形成大的学科，它的部分内容属于地质，部分内容属于地理，这就造成了对期刊影响不好的一面，很多人不知道期刊到底刊登什么内容，刊名主旨不清晰，不像其他期刊，名字的学科分类很明显，像《地质科学》《地学前缘》《地质学报》《沉积学报》等，读者与作者非常清楚期刊的办刊宗旨，因此会有大批的文稿意向鲜明地投给它们。在评刊过程的学科分类中，也不会出现任何失误，而《古地理学报》就不同，曾被万方数据放在了地理学科之中，后来经过申辩才改回到地质学科。

这无疑是《古地理学报》的一个劣势，即在目前的"学科评价"方面定位不明。这个劣势还真不好改变，首先是因为期刊的名称与办刊宗旨决定了期刊的刊登内容，如果放弃人类历史时期的古地理研究，只刊登地质类的文章，势必与《沉积学报》刊登内容范围完全重复，也就没有了自己的特色；可是这个特色的保持，对期刊不知是对是错。

鉴于学科目前状态，《古地理学报》不得不自己培养作者队伍和读者队伍，让大家多了解古地理学的特点与优势，希望有一天能够把古地理学做大做强。如果将来的"古地理学"成为一个独立的一级学科，那是《古地理学报》多年奋斗的结果，也必将对期刊的发展起到更好的带动作用。

《古地理学报》的任务之一，就是积累古地理学的学科内容，丰富与发展古地理学。

参 考 文 献

安秀芬，王景文，黄晓鹂. 2003.《中国科技期刊研究》1990—2002年的载文分析［J］. 中国科技期刊研究，14（3）：264-266.

冯远景，陈希宁，于长谋. 2001. 科技期刊审稿专家的权利与义务［J］. 中国科技期刊研究，12（5）：246-249.

冯增昭. 1999. 为我国古地理学的持续发展和创新而奋斗——《古地理学报》创刊词［J］. 古地理学报，1（1）：1-6.

冯增昭. 2003. 我国古地理学的形成、发展、问题和共识［J］. 古地理学报，5（2）：131-143.

冯增昭. 2009. 我国古地理学的定义、内容、特点和亮点［J］. 古地理学报，11（1）：1-11.

贺文. 2006. 科技期刊审稿中的问题及解决之道［J］. 武汉科技大学学报（社会科学版），8（5）：79-80，134.

黄劲松，杨兵. 2004. 单盲法审稿的缺失与优化［J］. 编辑学报，16（3）：178-179.

金伟. 2006.《编辑学报》1995—2004年载文作者群统计分析［J］. 编辑学报，18（1）：78-80.

金晓明. 2007. 论学术期刊的审稿方法与发展趋势［C］//第六届全国医药卫生期刊编辑出版学术会议：43-46.

龙爱良. 2001. 审稿专家选择方法新探［J］. 编辑学报，13（6）：328-329.

马永祥，孙宁，李大庆. 2001. 学术期刊审稿及编辑加工应把握的要点［J］. 中国科技期刊研究，12（3）：222-223.

潘月红. 2007.《农业展望》发展探析［J］. 中国科技期刊研究，18（3）：471-473.

欧阳晓黎，赵蔚婷，牛燕平，赵存如. 2001. 专家审稿实名制与匿名制之对比分析［J］. 编辑学报，13（增刊）：37-38.

钱寿初.1999.审稿是否可以公开了？[J].编辑学报,11(3):184-186.

任汸.2000.国外一些著名科技期刊的审稿制度[J].出版发行研究,16(11):65-67.

王立名.1999.科学技术期刊编辑教程[M].北京:人民军医出版社:106-107.

王亚俊,塔世根·加帕尔.2008.《干旱区研究》的办刊实践[J].中国科技期刊研究,19(4):620-622.

武小琳,钱文霖.2004.保证学术期刊审稿科学性的若干理论思考[J].编辑学报,16(1):4-6.

许卓文,俞立,李娜.2003.17种医学内科核心期刊基金论文统计分析[J].中国科技期刊研究,14(1):29-30.

郑铭,冯琪.2006.科技期刊审稿过程中存在的问题及对策[J].武汉科技大学学报(社会科学版),8(5):146-148.

郑秀娟.2009.《古地理学报》实名制审稿的得与失[J].编辑学报,21(5):425-426.

中国科学技术信息研究所.2002.2002年版中国科技期刊引证报告[M].中国科学技术信息研究所,135.

中国科学技术信息研究所.2009.2009年版中国科技期刊引证报告(核心版)[M].北京:科学技术文献出版社.

朱强,戴龙基,蔡蓉华主编.2008.中文核心期刊要目总览(2008年版)[M].北京:北京大学出版社.

第五章 科技论文写作方法

一、科技论文选题

科技论文写作一般都是在科研成果完成之后进行的最后收尾工作，也是科技成果向社会推广与展示的一个重要环节。有了科研成果并不是说明就有了科技论文写作的选题，科研成果只是写作科技论文的第一手资料，还必需做好科技论文的选题工作。选题工作是复杂的脑力劳动，也是科技论文写作的创造性过程的起点，同时更是科技论文写作的基础。科技论文的选题，是科研工作者根据社会需要和科学发展，根据已有的研究资料，把自己的逻辑判断和创造性思维有机结合起来进行探索的一项艰巨任务。重视和做好选题工作是科技论文写作的首要问题，切不可等闲视之（张天定等，2000）。

严谨和科学是论文选题的基本出发点（张天定等，2000）。

找准论文选题，做好科研设计，才能使其真正成为一篇具有科学性、学术性和创造性的文章。一篇出色的科技论文，需要作者选好课题、严格设计，并坚持严肃的态度、严谨的学风、严密的方法进行研究。研究完成之后，仔细整理研究材料，根据材料所显示出来的内容实质，按"量体裁衣"的原则，决定拟写论文的体裁及其大致长短，这样才能写出具有科学性、学术性、创造性的好文章。

科学性是指其内容必须是客观存在的自然现象及其规律的反映（陈亮，1992）。首先要求观点正确、论据充分、方法准确可靠，经得起生产实践和科学实验的检验；其次论文在结构上应当严谨而清晰，符合思维的一般规律，具有比较固定的格式；最终达到科技论文用语的准确、精当、通达、流畅。

学术性是指写作科技论文不应当局限于事物外部形态的描述和发展过程的阐述，而应当着重于对事物进行抽象的、概括的叙述论证，其基本和主要内容是客观事物内在本质和发展规律的归纳和总结，因而具有较强的理论色彩。

创造性是指科技论文所表达的研究成果必须有新意，有前人未曾取得的新发现或新发明，或提出新见解和新理论，或在解决问题是发明了新方法、新技术、新工艺、新材料，或新发现和新发明兼而有之。

科技论文的选题，可以考虑从以下几个方面来进行工作。

1. 文献调研是基础

科技论文选题时，应当查看文献资料，包括工具书、新近出版的相关图书、相关期刊、学位论文及其他可查的文献资料。

作者一定要尽可能地全面占有文献资料。只有充分占有相关研究资料，了解了前人研究这个问题时已经达到的程度与高度，尤其是对于某一问题自己脑子里已经有某种假设，更应该查对文献资料，看看是不是前人已经有过类似的或者相关的研究工作及结论。了解了目前的研究状况，有利于作者选取那些在学术上有探讨价值的方向来进行科技论文的最后写作，也是撰写论文获得创见观点的基础。

有了丰富的文献资料，结合自己的科研成果，作者在撰写科技论文时才能够得心应手。当然,作者在选题思考与筹划过程中也离不开对大量文献资料的阅读、概括和提炼,没有支撑,选题的主旨就无法确立。在论文撰写过程中,大量的论证过程,有时也需要大量的文献资料作为支撑,或是引证的论据,或是论点的补充与求证。因此,完成一篇有水平的科技论文,始终不能够脱离已经有的高水平的学术文献作为基础,一定要站在科学研究前人的肩膀上进行科技论文写作。

此外,参加学术会议也是收集科技资料与信息的一种必要途径。作者通过参加相关学术会议,可以了解同领域的专家目前的研究情况及研究动向,了解到学科最前沿的科技信息,从而启迪自己的思维,开阔撰写论文的思路,避免做一些无用的重复工作,纠正原来存在的一些模糊想法,这样写出的科技论文才能够有所创新与价值,才能够得到学界的认可与关注。

2. 角度新颖是关键

科技论文写作角度选择的新颖与否,关系到能否引起读者的重视,进而影响到研究成果的价值与意义。因而,要求科技论文作者在选题时要存同求异,与别人相同的观点要存而不论,积极探索现实理论所没有发现、没有概括、没有解释的事物,要有新的突破(张天定等,2000)。撰写科技论文在选题时要勇于独辟蹊径,善于发现和填补科学研究中空白的论题。

选题一定不能与别人雷同,这就要求科技论文作者要撰写论文时,一定要选择他人没有研究过的,或者是他人虽然已经研究过但自己又有新的见解与结论的方向与角度。在科学求实的基础上,敢于对前人已经有的结果提出质疑,也就是自己要有新的看法、新的见解,得出新结论,写出论文新意。

新颖性是科技论文写作的精髓。科学研究是进行创造性思维、探求新颖性的过程，它要依赖作者的创造性思维，通过对所掌握资料的筛选与归类，从许多方面探寻出各种不同的答案，然后通过比较、集中，在各种答案中派生出他人没有注意到而又合理、科学的新答案，从而形成一种独到的见解，形成科技论文的创见性观点。

3. 重点突出是保障

科技论文的写作，在做到成果独特、角度新颖的同时，也一定要在写作上注意重点突出，懂得取舍，不能西瓜与芝麻一块抓。只有重点突出，才能让读者一目了然地了解作者的写作目的，了解学到作者的科研成果与创新点。

论文重点突出首先是论文写作的重点概念必须清楚，不能含糊其辞，必要时一定要对文章涉及的学术术语进行界定与解释，尤其是对学术术语有别于前人的应用范围或是内涵与外延时，更需要进行一定的界定，以避免使读者产生歧义，清楚地读懂作者想要表达的内容。

其次是已经确定的论文的重点必须详细陈述，在重点问题上不能吝啬篇幅，细小问题也不能错过与省略，因而可以使其具有研究的可实践性。

第三是论文重点应该与现有理论具有相关性。科技论文写作者应该注意到，自己撰写的论文是对现有理论产生支持作用，还是对现有理念加以排斥作用。一般来讲，科学研究对于知识积累的贡献，是建立在现有事实和理论基础之上的，只有如此才能对于科学的进步有所贡献，否则，建立在不相干的孤立的研究之上，很难对科学的进步有所建树。当然，也不排除创新理论与体系的建立与突破，但这方面的成果很难也是需慎之又慎的科学问题。

4. 表达方式是手段

科技论文的写作不是一种简单的材料累积，而是一种科研成果报告的再创造过程。在选择好写作角度与重点之后，采用适合的表现手法就显得十分重要，由于事物具有多样性和复杂性的特点，所以，采用强化表现力的写作手法选择就显得很有必要。

综合式。综合式科技论文一般具有研究课题的综合性和描述性的特点，一般是对研究成果进行分析、综合，做出全面系统的介绍。这种论文要求对研究情况做出客观的描述，为其他研究人员提供某项研究的比较完整的概况资料，包括研究目的、研究意义、研究内容、历史、现状、达到的水平、争论的焦点以及发展趋势等。同时要求，还必须把研究成果全面地反映出来。因此，综合式科技论文的写作难度较大，但对其他研究者的参考价值也较高。此类论文切记不能写成科研报告，要在科研报告的基础上进行认真的归纳、整理与提升，为读者提供有价值与意义的参考资料。

商榷式。这类科技论文，一般是对研究成果与前人有不同看法、或是怀疑与否定他人观点时的一种写作方式。论文撰写者对新的观点有自己的看法与结论，但又不能彻底或是完全否认他人的观点与传统的结论。这种情况下，作者采用商榷式撰写论文，对自己的成果进行表达，慎重对待前人的成果，对科学发展具有积极的促进作用。这类科技论文的撰写，一定要对事不对人，切记不能对他人有任何人身攻击或是伤害他人自尊的地方。客观地论述科学事实，慎重地阐述科学观点，尊重不同观点作者及前人的成果与地位，是撰写这类科技论文的作者要必须注意的地方。

探讨式。这类科技论文与商榷式有相似之处,就是论文撰写者提出自己新的见解或观点为主要特征,但探讨式不涉及对他人观点的否定与怀疑。这类论文的撰写,往往是对以往学界未曾涉猎的领域或未曾使用的方法进行大胆的探索,提出新的见解,可以极大地推动相关领域的研究进程。当然,这类论文的撰写不能凭空想象,带有任何幻想与臆断色彩,作者必须以科学事实为依据,经过周密的逻辑思维与科学的推理、判断,在此基地上提出自己的观点与想法,以严谨的语言写成论文,和同行专家进行探讨。

比较式。这类科技论文,是将题材、体裁和方法以及观点等方面有相似、相承或是相反关系的成果进行论文写作的较好方式。这种方式撰写论文一般难度也较大,一定要求撰写者在对自己研究成果了如指掌的情况下,还要吃透所要对比的资料,切记囫囵吞枣、一知半解地曲解了他人的意思。如果能够较好地掌握所用资料,就能够写出一篇精彩的科技论文。采用比较式方法来撰写科技论文,会使论点更加突出、鲜明,但有时认证过程会显得零散,读者阅读起来有时会觉着略有不足。这种论文对科技发展的推动作用也是显而易见的。

二、科技论文的撰写方法[❶]

科技论文是由科技工作者对其创造性研究工作成果进行理论分析和科学总结,并得以公开发表或通过答辩的科技写作文体(陈浩元,1998)。一篇完整的科技论文,不仅应按一定的

---

❶ 此部分内容原文发表于《中国地质教育》2005年第2期第70~72页。收入本书时有较大补充与修正。

格式进行撰写，具有科学性、首创性和逻辑性；还应按一定的方式发表，即有效出版。科学技术包括的范围十分广泛，每个学科在撰写论文中在共有特征的情况下，还有其每个学科自身的特点，这里不可能穷尽所有学科，仅以地质科学为例，来阐述科技论文的写作。

地质科技论文是地质科技工作者及其相关学科科技工作者所发表或公开宣讲的与地质科技相关的文章或报告，它是科技论文园地中的不可缺少一枝奇葩。地质科技论文的撰写是地质科技工作者的重要工作内容之一，然而并不是所有的科技工作者、尤其是年轻的地质科技工作者都了解地质科技论文的撰写方法，这不仅给文稿评审和编辑工作带来了很大的麻烦，也延迟了地质科技文章的出版周期，不利于我国地质科学的进步与发展。尤其是在当前教育部要求攻读博士学位的研究生必须在读书期间要完成3篇论文的情况下，由于许多研究生不太懂得科技论文的撰写方法，而造成文稿多次退回，挫伤了他们的写作兴趣与积极性。为了帮助研究生正确地撰写地质科技论文，提高论文发表时效，作者就地质科技论文撰写方法阐述个人看法，希望能有助于地质学研究生和地质科技工作者撰写科技文章。

地质科技论文大多数都属于论证型和科技报道型文章，也有一部分是发现发明型或综述型，但其基本内容都应该包括以下几个部分：题名与作者署名、关键词和摘要、正文、致谢、参考文献、附录（图5-1）。

1. 题名与作者署名

题名是一篇论文的总题目，也称总标题、篇名或文题，它是作者对研究成果的命名，是反映论文中特定内容的最恰当、

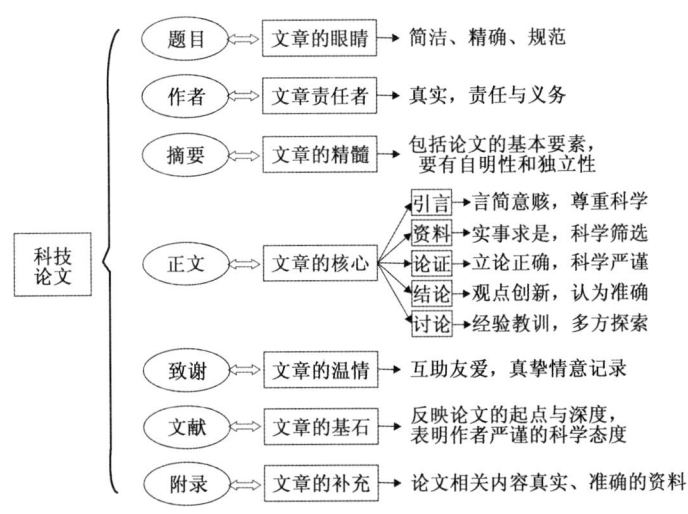

图 5-1 科技论文内容构成基本框图

最简明词语的逻辑组合,是对论文中重要内容的高度概括,因此,题名应避免使用含义笼统及一般化的词语。这是体现地学思维方法——复杂问题简单化的最好形式或要点(于兴河,1998)。一篇文稿的题名要做到选题明确、主题鲜明,同时包括特定内容的内涵与外延;它应使读者理解该文的主题思想、主要观点和结论。题名要适应学术交流和信息传递的需要,选用词语要严谨规范,不得使用非公知公用及同行不熟悉的外来语、缩写词、符号、代号和商品名称;同时中文题名一般不宜超过 20 个汉字,外文题名应与中文题名含义一致,一般不超过 10 个实词为宜。

署名是作者拥有著作权的声明。《中华人民共和国著作权法》规定:著作权属于作者,其内容包括发表权、署名权、修改权和保护作品完整权等。署名权即表明作者在作品上署名的权利，作者署名表明其劳动成果及作者本人得到了社会的承认和尊重，即作者向社会声明其对该作品拥有了著作权。当然，署名也是作者表示文责自负的承诺，论文一经发表，署名者对作品负有责任，包括政治上、科学上和法律上的责任，如果文章中存在剽窃、抄袭内容，或者有政治性、学术性错误，署名者应该负完全责任。因此，从科学的严谨态度及科学道德规范来讲，对文中内容没有贡献之人是不可以随便署名的，也就更不能允许他人代笔写文章。随意署名和代写论文的现象不仅违反了学术道德，而且是对科学尊严的践踏。另外，署名便于读者与作者联系，也就是表明作者有同读者联系的意愿，一旦读者需向作者询问、质疑或请教以求帮助，可以直接与作者联系。

2. *摘要与关键词*

摘要是科技论文的重要组成部分，是以提供论文内容概要为目的的、不加评论和补充解释、简明确切地表述论文重要内容的短文，其基本要素包括研究目的、方法、结果和结论。摘要应具有自明性和独立性，并拥有与论文同等重要的主要信息，即读者不阅读全文，就能获得必要的信息。科技论文的摘要一般有 3 种类型：报道性摘要、指示性摘要和报道—指示性摘要，地质科技论文目前常用的是第一种，即报道性摘要，这种类型的摘要是指明一次文献的主题范围及内容梗概的简明摘要，相当于文章的简介，包括科技论文的目的、方法及主要结论与认识，在有限的字数内向读者提供尽可能多的定性或定量的信息，充分反映该研究的创新之处。摘要撰写需特别注意：（1）反映主题思想，例如新方法、新观点（不要写泛泛的东西），一般5~8句较为合适；（2）体现创新成果与创新观点，主要是指论文的结论，强调新颖性；（3）介绍新方法，也可以是传统方法在新领域的成功应用。

在科技信息迅猛发展的今天，全世界每天都有几十万篇的科技论文发表，学术界已经约定利用关键词去检索最新发表的论文，因此关键词对于一篇文章的被引用率起着至关重要的作用，标引好关键词也就显得十分重要，绝不是可有可无的事情。关键词是科技论文的文献检索标识，是表达文献主题概念的自然语言词汇，是从题名、层次标题和正文中选出来的能反映论文主题概念的词或词组。关键词标引时，首先要对文献进行主题分析，弄清该文的主题概念和中心内容，尽可能从题名、摘要、层次标题和正文的重要段落中抽出与主题概念一致的词和词组，然后对所选的词进行排序，使其成为最为精简的摘要。一组好的关键词也就是一篇最为精练的短文。

3. 正文

正文是科技论文的核心部分，占全文的主要篇幅，正文可分为提出问题、分析问题和解决问题。这部分是作者研究成果的学术性和创新性的集中表现，它决定着论文写作的成败和学术观点的阐明程度、科学技术水平的高低。一篇科技论文的内容主要包括4个方面：（1）叙述事实；（2）解释事实；（3）推理和讨论；（4）结论。正文的写作可根据内容的不同而有所差异，但一般都要包括引言或前言、方法与资料、论证、结论、讨论等5个方面。

1) 引言或前言

引言（也称前言、序言或概述）经常作为科技论文的开端，分析论文写作的背景和前人已做过的工作，提出文中所要研究的问题及研究的意义，引导作者阅读和理解全文。作为论文的开场白，引言应以简短的篇幅介绍论文的写作背景和目的、尤其是资料背景（比如区域地质概况），以及相关领域内前人所做的工作和研究的概况，说明本研究与前人工作的关系，目前研究的热点、存在的问题及作者工作的意义，亮出论文的主题给读者以引导。当然，引言也可点明论文的理论依据、实验基础和研究方法，简单阐述其研究内容，三言两语预示本研究的结果、意义和前景，但不必展开讨论。引言的写作要求有：(1) 开门见山，不绕圈子，避免大篇幅地讲述历史渊源和立题研究过程；(2) 言简意赅，突出重点；(3) 尊重科学，实事求是，在论述研究意义时，切忌使用"有很高的学术价值"、"填补了国内外空白"等不实之词，而应当利用具体的统计数字或事实来说明问题；(4) 引言的内容不应与摘要雷同，也不应是摘要的注释，引言一般应与结论相呼应，在引言中提出的问题，在结论中应有解答，但也应避免与结论雷同；(5) 前人的研究成果、观点，应据实有所体现；(6) 简短的引言最好不要分段论述，不要插图列表。

2）方法与资料

即论文所采用的研究方法与思路、资料情况（包括实验方法）。包括：

(1) 方法介绍。可以是老方法，但利用角度不同，从而得到新思路，新观点；也可以是传统方法创新性应用于新的研究区，取得了比以往更有突破性的结论。新方法的介绍中应注意两点：新方法的全面性或新颖性，新方法的可操作性；与传统方法对比，其优势与劣势分析，重点是优势推介。

(2) 资料情况。资料掌握的程度如何是能否写好一篇科技论文的关键,同时还要注意资料质与量的基本要求。包括资料的获取途径,资料的科学筛选,去粗取精,去伪存真过程,要给读者提供一种资料真实、可信的可重复性的科学过程,不能只是资料的堆积,没有科学的分析与判断。

3) 论证

(1) 论证过程。就地质科技论文而言,在文字的表述与事物的论证过程中,通常应遵循8步写作法:基本现象的观察描述、新出现名词或是已有术语在论文中有新认识的名词界定、属性表征、科学分类、逻辑推理、成因探讨、规律总结及理论升华。

(2) 论证层次。一篇论文要有一个明晰的论证过程,做到结构清楚,逻辑分明,例如在描述地质现象时采用点—线—面—体—域或是宏观—微观等一定顺序。域的概念在地质科学论文中应有两个核心,具体为时间域和空间域;前者论述地质体随时间的演化过程,后者寻找地质体的空间分布范围。

(3) 论证类别。地质学是描述性学科,论证类别是描述性学科的主要特色之一。地质科学又可以称为分类科学,分类归纳在地质科学中非常重要。只有在对各种地质现象描述总结之后归纳分类,才能进行成因探讨,从而使理论得到升华,为得出创新性结论打基础。这也是复杂问题简单化的最基本、最主要的思维方式(于兴河,1998)。

(4) 论证方法。一般是指引论、实论、推论、反论;其中引论是反映对该研究内容与学科前缘的掌握程度,同时也反映了作者对本学科知识了解的广度。

①引论。贯穿全文,引用他人观点说明自己的认识、观点与发现,同时也是了解与掌握学科前缘的关键。也可以引用错

误观点来反证结论的正确性。引论与抄袭具有本质的区别，抄袭是原文照搬别人的观点，不是作为论证的依据，甚至将他人观点不加说明地变成自己的观点；引论是前人已经发表的观点作为作者的论据，从而证实或补充说明自己的观点。

②实论。也称为立论，即用实验分析和测试数据与科学证据来论证事物或现象。地质科学主要是通过大量的研究成果与资料来说明，即定性分析与定量表征相结合。而定量表征在地质科学中最常用的方法就是图和表；图件可以直观、形象、准确地表征研究主体的地质属性，而表格则能很好地反映数据的变化特征和研究事物的主要特点与规律，尤其是在进行事物的分类研究与对比时。

③推论。引论是推论的基础。推论是指应用已有或公认的科学理论和方法推导事物的过程与结论。将今论古的类比方法也属于推论的范畴。

④反论。应用科学论据来反驳他人的（错误）观点。其论据一定要充足，论证过程要严密、可靠。在一般性的论述与报道性文章中，这种方法应用的很少，它主要用于评论或议论性文章中。

在一篇科技论文中，以上4种论述方法通常很难用全，但至少要用到1~2种，才能有说服力。若只有引论，而无其他论证方法或作者自己的观点，也就不称其为科技论文。

4）结论

结论是整篇文章的最后总结与提升，但不是前文中各段小结的简单重复，作者通过它来传达自己欲向读者表述的主要意向，同时应以正文中的论证过程为依据，完整、准确、简洁地指出以下内容：

(1) 由对研究对象进行考察或实验得到的结果所揭示的原理及其普遍性,即新的观点与新的认识;

(2) 与先前已发表过的(包括他人或作者自己)研究成果的异同;

(3) 论文在理论上和实践中的意义及价值,体现研究成果、目的及解决的实际问题。

5) 讨论

科学研究永无止境。任何一项科学研究或科学探索,都不可能将所有的问题都解决,也有可能受挫失败,无论是成功经验还是失败教训,亦或是存在的问题,都有必要进行讨论,以提醒后人或他人在研究这类问题时应注意的事项,从而让后来者少走弯路;也有一些是观点问题,需要在以后的研究中多方探讨,以便在学术界达成共识。

(1) 存在问题——研究中有无发现值得注意的特殊现象或尚难以解决的问题,需作进一步研究?

(2) 关于方法的讨论——研究方法可否存在其他的分析角度或研究思路?与研究问题的匹配程度怎样?

(3) 资料掌握情况——资料是否全面?是否存在资料不足或片面现象,使研究成果可能存在着一些不确定性?

(4) 进一步深入研究某些问题的建议。

4. 致谢

致谢一般单独组成一段放在论文之后,但它并不是论文的必要组成部分,它是对曾经给予本研究的选题、构思或论文撰写有过指导或建议,对考察和实验做出某种贡献的人员,或给予过技术、资料、信息、物资或经费帮助的团体或个人致以谢意。

5. 参考文献

对于一篇科技论文，参考文献著录是不可缺少的，它可以反映出作者的科学态度和论文具有真实、广泛的科学依据，反映出该论文的起点和深度；同时也能方便地把作者的成果与前人的成果区别开来，以体现文献的继承性和对他人劳动成果的尊重，又表明了学术的严肃性。当然也可以通过参考文献达到与读者资源共享的目的（姜昭武，1999）。其著录时应注意：

（1）要引用最新的、最必要的文献，而不应随意选择，滥竽充数；通过文献查新，尽可能地将相关文献都阅读到，有必要的或是重要的文献，要附上，以备读者连接查找。

（2）文中涉及观点的文献，但无特殊需要时不必罗列众所周知的教科书中的一般知识或某些陈旧史料。

（3）只著录公开发表的文献；未公开发表的资料一般不列入参考文献，可紧跟在引用的内容之后注释或标注在当页地脚；不能公开的内部文献或资料，更不可作为参考文献引用，也不能作为注释列出。

6. 附录

附录是论文的附件，不是论文的必要组成部分。就地质科学论文而言，大多数附录是图版或公式及其说明，其作用是对研究对象的真实写照，目的在于它的真实性与准确性。它在不增加正文部分的篇幅和不影响论文主体内容叙述连贯性的前提下，向读者提供论文中部分内容的详尽推导、演算、证明或解释说明，以及不宜列入正文的有关数据、图、表、照片或其他辅助性材料。地质科技论文与其他科技论文的不同也在于多数论文需要附录。

三、科技论文中的图表种类及其功能[1]

科技论文是科技工作者公开发表或表达自己科研成果与学术观点的最重要方式。而地质学具有明显的层次性、描述性及分类性，其特色为分类（于兴河，1998），其核心为域，即时间域和空间域。在对其进行研究时应做到"层次为主，类型在先；域字为重，分演并兼"；因此，地质科学的科技论文进行论证与表达其学术观点、研究成果、科学发现与发明的方式与方法有其独到之处，是科技论文园地中不可缺少的一枝奇葩（于兴河和郑秀娟，2005）。地质科技论文既有科技论文的共同特征，又有其独特的风格，主要表现在地质科技论文中的图表是其必不可少的重要部分。使用图表不仅可以使某些内容和叙述更简洁、准确和清晰，而且还有活跃、美化和节省版面的功能，同时还能使读者赏心悦目，让读者调剂精神、提高阅读的兴趣和效率（王立名，1995）。在期刊发表的地质科技文章中，平均每1000字的篇幅至少有一幅插图和表格，而且所占比例还有进一步提高的趋势；图表要有鲜明的主题和高超的表现技巧，不仅要求客观、真实与准确，而且还应追求形式与内容的完美统一，其合理性、新颖性在很大程度上也决定着一篇论文的创新性和独特的研究方法与思路，因此说地质科技论文创新的很多内容都体现在图、表内容之中。要写出一篇优秀的论文，必须在图表上下工夫，其核心是要了解与懂得各类图表的功能与特点。

---

[1] 此部分内容原文刊登于《科学研究月刊》2006年第10期总第22期第151~152页。收入本书时有较大补充与修正。

1. 图表特点

地质科技论文中的图表主要有反映地质现象的各类地质图件和其他表达某种规律的图表（表格与插图结合），它们能准确而形象地表述出某一地质研究现象的整体面貌与特征。人们能够依图表进行分析、判断、推理，进而揭示地质事物分布与演变的一般规律，揭示其成因机制（过程）与机理（动力），并能使各部分知识串连起来、多学科综合，使之条理化、系统化。所以说图表是地质科学的形象语言，它和文字具有同样的独立表达作用，而且比文字更直观、更形象、更具有整体性的特点，但要注意避免用图和表重复反映相同的数据。因此，地质科技论文的最明显特点是真实性、规范性和自明性。

1）内容的真实性

真实是科学研究的基础，图表中的每个细节必须反映事物的真实形态、运动变化规律、有序性和数量关系，不允许随意做有悖于事物本质特征的取舍，更不能臆造和虚构（陈浩元，1998）。即地质科技论文的图表一定要具有科学性与准确性，在试验或观察的基础之上进行统计与归纳，将实测（或计算）的数据和最后结果等都逐项列出或画在图上，安排有序，使读者能一目了然。当然，可以对数据进行合理的科学筛选，做到去伪存真；也可以在不影响科学论证的情况下，所有数据均列出，对特殊数据产生背景有所交代，以备他人研究时引起注意。如果论文中必须引用他人的图表时一定要注明出处，若对原来的图表有修改，也要加上清楚的注解。

2）表达的规范性

地质类图表，在很多方面都是具有严格的规定或是约定俗成的规范，是作者、书刊编辑和读者共同的语言。因此在设计图表时应讲求规范，按通用的标准进行编写与绘制。如果不按规范，文章中的图表就会使人难以理解，有时甚至是根本无法理解，这样的图表就会失去存在的必要，甚至引起不必要的混乱。这里需要强调指出的，单位、方向、比例尺及符号代码等一定要用地质科学通用的标准格式。

3）图表的自明性

图表的自明性是指不用解释就可以从图表自身及其题名中看到、分析出其含意与内容，脱离文章之后可以单独表明一种相对完整的内在含意，可以被直接引用，因此图表名称的表达要完整、准确，内容阐释也要在简洁的基础上尽量详细，能够清楚地表述出特定的内涵与科学思想。

2. 表格的种类与作用

表格是论文语言表达的一种重要辅助手段和表述方式，具有简洁明了、精确真实、让读者一目了然的特点。采用表格形式，可以避免冗长的文字叙述，也可避免图像表达不严密的弊端。表格使用得当，能够使论文的篇幅紧凑，表述简洁、清晰，精确度与真实性更强，具有逻辑性和对比性强的效果（欧裕德，2000）。表格的设计应该尽量地简洁、明确、科学、合理。地质科技论文的表格种类一般可以分为6种：数据表、特征表、分类表、对比表、分布表及演化表（图5-2）。

1）数据表

数据表是基础数据分析与整理结果的直接体现，是各类研究的基础。数据表又可以分为数据查表类、数据探索类和数据应用类。它的主要特点是数据齐全、准确。数据的单位与小数点位数通常是依据数据类别而定的，但一般而言基础数据要求

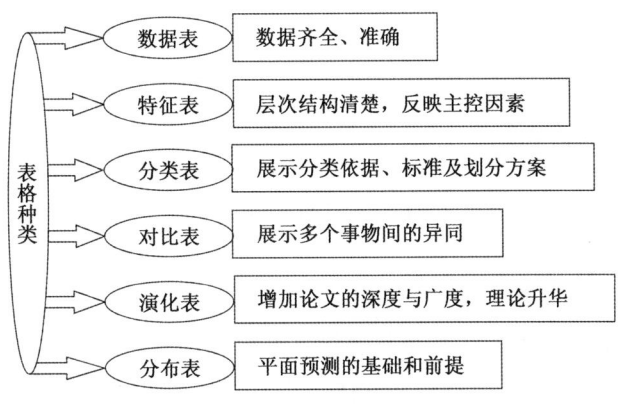

图 5-2 表格的种类及功能

至少保留在小数点以后两位。这类数据表具有精确性和原始性，是论文科学性的集中体现，是论文科学论述的基石。

数据表是属于基础性表格，往往有些论文只有数据表，而缺少后续所谈的分析性表格，这是应该引起注意与重视的。一篇水平相对较高的论文，更多的是在基础性表格的基础上做出分析性表格，来反映作者的观点与学术成果。

2）特征表

这是研究过程中从感性向理性、从现象到本质、从零散到规律转变的一个必要手段，有了合理的特征表，就很容易做到层次合理、结构清楚，反映出分析的主控因素。该表的特征是从不同的侧面对某一事物或地质现象进行分析与表征，通常情况下可采用图表相结合的方法，即每一特征用图来表述。如表征某一沉积体，可以从物源类型、岩性特征、沉积构造、粒度变化、颜色变化、生物特征等方面进行描述，这属于基础性描述内容；也可从水动力条件分析、沉积背景分析、平面展布特征分析以及演化规律上进行分析其特征，这属于分析性内容。特征表属于基础性与分析性表格的过渡型。

3）分类表

地质学的主要特色之一就是分类（于兴河，1998）。分类表的核心是说明作者的分类依据、分类标准与分类方案，展示对所研究问题的合理构架及其理性、系统的分析模式。就科学分类而言，通常有5个准则：（1）体现研究目的；（2）反映成因机制；（3）表征事物属性（几何特性和物理特性）；（4）拥有可操作性（即界定识别标志）；（5）具备推广价值（于兴河，2002）。另外不同的研究对象其分类也有不同的标准，因而分类标准或分类表是科技人员进行学术讨论的前提或基础。

通常在提出一个新的学术观点、尤其是一套系统研究方法与理论体系时，一定会用到分类表。

4）对比表

表格可以是相同事物不同特征的对比，也可以是不同事物相同特征的对比，最为常见的是某一特征下的数字对比。对比表属于典型的分析性表格，此类表格如果做得恰当，可以使需表述的事物差异更突出鲜明。应用对比表的结果就是要说明多个事物与现象之间的异同，为研究造成此异同的原因所在提供科学依据。

5）演化表

演化表的核心内容是应用历史唯物主义的观点对地质事物与现象的形成进行阶段性分析，主要是以时间域为中心对其形成过程分阶段进行表征，故它是研究地质现象形成机制的核心表格。表中除了表述演化可以分成几个阶段，还要写出各个演化阶段的主要特征及控制因素,其目的是对地质事物的成因从演化与形成过程的角度进行探讨,所以此表属于分析性表格。应用演化表可以摆脱单纯地从现象描述到现象描述,增加论文的深度与广度,是论文学术观点理论升华的主要方法之一。

6) 分布表

此类表格的作用很重要,主要是为表征地质科学的功能或目标而服务,而地质科学的核心功能就是进行预测(于兴河,1998)。因此,分布表的核心是以空间域为中心,对地质现象或事物的空间分布进行表征,着重强调其平面上的分区性和垂向上的分带性(于兴河,2002)。各区的差异、平面图上分区的异同点及纵向上不同深度相带的差异是该类表格表征的核心内容。通常情况下,平面上的分区主要依据地质背景或区域构造特征进行,其目的是为了对未知区或有利区进行预测打下良好的基础。然而,垂向上的分带性则是对地质事物或现象在垂向上的有利层位与侧向上的延展特征进行表述,同样的目的,但有利层位的预测是平面预测的基础与前提。

3. 插图的种类与作用

插图作为一种辅助手段,可以形象、直观、多角度、丰富地表达研究的技术手段和研究成果,起到用文字无法替代的作用。插图要求绘制严谨、科学,线条清晰,主次分明,还要注意比例尺和方向性,图题、图注、坐标名称、单位准确齐全(陈方荣,2004)。地质科学不同于其他自然学科,不同的研究对象其单位明显不同。如地质年代,若是研究一个盆地的形成或充填,常用Ma(百万年)为单位,而研究某一段时间的古气候随年代的变化则就要用ka(千年);再如研究一个河道的宽度,单位用m(米),但其数值并不要求到小数,而只是一个范围；要研究河道长度，单位可以用 km（千米），而研究河道砂体的厚度，有时就要用 cm（厘米），即使用 m（米），也要保留两位小数。因而就地质科学本身而言，严谨的科学态度与科学的量化方法是进行各类图件制作的前提条件。地质类插图的核心是精确细致，能够准确科学地反映地质观点和内容，一般可以分为统计图、柱状图、剖面图、平面图和立体演化模式图（图 5-3）。

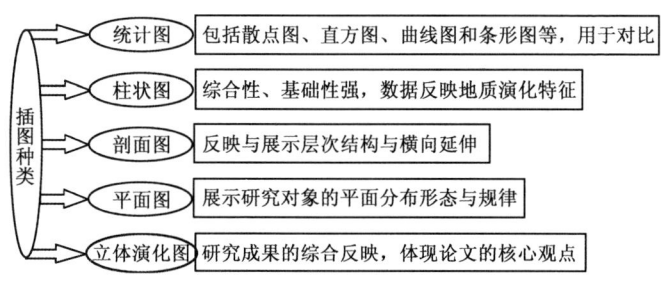

图 5-3 插图的种类及功能

1）统计图

统计图包括散点图、直方图、曲线图和条形图等。此类图的主要目的是对比，其核心是纵向、横向比例的科学性，合乎地质图件的特殊要求，即要注意不同表征对象数据的量化方法，尤其要注意单位规范，比例适当。散点图的核心是寻找两个变量之间的相关性；直方图的主要功能是分析连续变量数据的结构形式，尤其是数据是否符合正态分布；曲线图是分析某一变量随另一变量的变化规律与特征；条形图的功能是分析离散变量随另一变量（如时间）的变化特征。

2）柱状图

在地质学中，柱状图是最常见的一种图件，原因是地质科学每个分支学科的研究都离不开地层，地层是地质科学的物质基础，无论研究哪个分支学科，都要研究地层，而表征地层形成与演化的最好方法就是制作地层柱状图。柱状图（如单井柱状图）看似简单，但它是后期各种图件及综合研究的基础，表现出的基础内容十分丰富，垂向上的分层、物性、油气水层的特征以及演化与测井曲线的关系则是其核心内容。因此，要下功夫作好每一张（单井）柱状图。柱状图在制作时要注意的核心问题是垂向上的量化数据与能够反映演化特征的描述，即层次结构的划分。

3）剖面图

剖面图是反映与展示地质体层次结构与侧向、横向延伸的最好方法，也是进行演化阶段的划分与分析的依据，主要通过地质体在侧向上的变化特征与垂向上的叠加型式进行研究。从下向上，将不同年代的地质体抽象出来，组成一套图件，就形成了演化剖面图，以分析不同时期的主控因素与所表现的主要特征。因而剖面图的目的之一是形成机制研究，其二是为平面图的制作和预测地质体（含油或矿层）提供科学证据。

地质剖面图包括连井剖面和实测横剖面或地震剖面图。连井剖面是在单井柱状图的基础上进行编制而成，实测（横）剖面是在野外通过露头进行实测所制作的剖面，地震剖面图则是地震资料处理后得到的剖面图，故剖面图主要是表现地质体的侧向变化特征、层次结构、演化的阶段、控制因素及宏观叠置特征的方法，是地质研究工作阶段成果的综合体现，要做到比例合理，重点突出，包括各种特征的相互关系、层次结构、划分层次结构的依据及演化的阶段性等,并以此分析地质体的形成演化与主控因素。

4) 平面图

平面图用来表现地质体及研究对象的平面分布形态、分布规律和特征,图中应该表现出地质体形成的主控因素,包括物源方向、物源类型(点物源、线物源及面物源)、构造分区与特征,地层的厚度变化等,同时也能反映出某一主控元素(比如沉积厚度、沉积相、岩性等)平面上的分区规律,包括东西部的对比,南与北的差异等,这些要求在图上能够一目了然。平面图的形式种类很多,如:有单因素的等值线图、多因素的等值线交会图、古地理图、沉积相图、多参数的分区图、多参数的叠加图以及有利地质体预测等。

5) 立体演化图

立体演化图是研究结果的综合反映,一般都要能够反映一篇论文的核心观点,将演化和分布综合在一起反映空间格局,可以说它是地质研究的综合结果与体现,也是反映作者研究理论的升华方法。如果作者撰写的论文最后能够有一张精确、严谨、美观的演化图,就会在文中起到画龙点睛的作用,使论文质量得到提升。

4. 结论及认识

图表可以通过人为的方法排除一些无关的因素,形象直观地突出研究对象的本质,便于人们在复杂的思维中获取一些直观的感性知识,使许多思考和研究变成一种有形的或简约的形式,更有助于对各种艰难晦涩问题的深入研究。从事科学研究一方面要做很多逻辑推证方面的工作,另一方面非逻辑思维作为科学思维的一种类型也不能忽视;而图表方法正是属于非逻辑思维的一种形式，确切地说，它是一种形象思维。将一些晦涩的知识和理论通过直观的图件、表格等方法表现出来，通过反映意象之间的关系来把握其内容，使人们能够看到隐藏在事物深层的本质规律，使一些高度抽象的问题也变得简洁、明朗和易于理解了（姚舜才，2001）。

因此，地质科技论文中的图表绝不是论文的点缀，而是论文内容的核心和眼睛，也是论文的闪光之笔。做好论文图表的制作与设计，灵活与科学地使用图表关系到一篇论文能否得到同行专家认可及其能不能得到读者的认同，这是一个值得地质科技工作者十分关注的问题。

四、科技写作中数字表达的探讨[1]

随着科学技术的飞速发展，在科技论文中许多过去是定性的事物，现在多数已经量化，这使得数字的应用在科技论文中占有的位置就更为重要，成为不容忽视的主要方面之一。国家语言文字工作委员会等单位，早在1987年1月就制订了《关于出版物上数字用法的试行规定》（以下简称《规定》）。《规定》指出，常用的3种数字（阿拉伯数字、汉字、罗马数字）使用的总则是："就是可以使用阿拉伯数字而且又很得体的地方，均应使用阿拉伯数字。遇到特殊情况，可以灵活变通，但应力求保持相对统一"（中国标准出版社第四编辑部，1993）。参照《规定》，笔者就1994年第1期公开发行的23种石油科技期刊中有关数字运用方面存在的问题，对数字表达方法和书

---

[1] 此部分内容原文发表于《昆明理工大学学报》1996年第21卷第2期第70~72页。收入本书时有较大修改。

写规则提出几点看法。

1. 数字分节

"4位和4位以上的数字,采用国际通行的3位分节法。节与节之间空半个阿拉伯数字的位置。非科技专业书刊目前可不分节,但用',' 号分节的办法不符合国际标准和国家标准,应该废止"(中国标准出版社第四编辑部,1993)。由于《规定》对于分节运用的范围未加详细说明,数字分节运用较乱。

统计的23种石油科技期刊,有15种未实行数字分节的规定,可见未实行分节的刊物占多数。实行分节的刊物标准也不一致:有的文章中凡是出现4位以上数字的地方均采用分节,例如《油气储运》;有的叙述中的数字采用分节法,但计算式及表中的数字未分节,例如《石油矿场机械》;有的叙述及表中数字分节,而计算式中未分节,例如《国外油气储运》。

笔者认为,计算式中的数字分节不合理,容易给读者造成混乱,因而建议不分节。把分数看成计算式,对其分子、分母中的数字不分节,而《规定》中曾出现"1/1000"的字样。数字范围中的数字可当作计算式中的数字对待,最好不分节,因为3200~13500m看起来比3 200~13 500m更容易让人接受。

因此,对《规定》中有关数字分节部分是否可作如下补充:对文字叙述及表中数字,小数点前后有4位以上的整数和4位以上的小数,都应以小数点为准,向左右每隔3位数空开半个阿拉伯数字的位置;式中及图上坐标数字不分节;专用数据,例如:邮政编码、846027部队、1990年、NB-1300C型泵中数字不分节。排版中需要调整字间间隙整理版面时,对于数字的应用间隙不得改变。

2. 参数及其偏差范围

在科技论文中,数据统计必涉及到数据范围及偏差范围,但《规定》未对此作规定,因此文中使用不统一,这方面应分清单位符号和数值符号的区别。

(1) 百分号、千分号、10 的幂表示的是数值,而不是单位,在使用过程中,前面数字的百分号、千分号、10 的幂不能省略。如 20%~35% 不能写成 20~35%,但可写成 (20~35)%;$3 \times 10^8 \sim 8 \times 10^8$ 不能写成 $3 \sim 8 \times 10^8$,但可写成 $(3 \sim 8) \times 10^8$,而目前在使用中存在很大的随意性,例如《石油规划设计》1994 年第 1 期第 17 页有 "60~70%" "70~80%" 等字样,这种写法不能表达其所代表的科学涵义。

(2) 单位不完全相同的参数范围,每个参数必须写全单位,不能省略前面数字的单位,例如 36°~42°18′ 不能写成 36~42°18′。

(3) 参数的公差上下值不相等时,其正公差值写在右上角,负公差值写在右下角,且有效位数相同,单位共用一个,不应出现有效位数不相同的现象。例如:不能出现 $36^{+0.21}_{-0.1}℃$,应写为 $36^{+0.21}_{-0.10}℃$

(4) 表示两个绝对值相等、公差值相同的参数范围时,应按照正数加上公差值、负数加上公差值,中间用数字范围符号连接的形式书写,例:可以写成 5°±2′~ -5°±2′ 格式,但不能写成 ±5°±2′。

3. 约数的使用

科技论文中尽可能少用 "近" "多" "大约" "左右" "可能" 等类词语,如果有些数字确实很难确切表达,或无需确切表达时,也可使用约数词,但在选择约数词时,要注意搭配,切不能同时使用两个约数词。

笔者在查阅石油科技期刊(均为1994年第1期)时,就发现《石油规划设计》第15页有"注采比约在1.2~1.5以上",《断块油气田》第11页有"总共约120余条",《天然气工业》第15页有"原油气油比<70~80m³/t"等重复使用约数词的现象。可见,这种问题出现的频率还是相当高的。

编辑在加工过程中,应特别注意的是,既不能随意增删数字前后的"近"、"多"、"约"等表示程度的词,也要避免同时出现两个或多个约数词。

4. 时间的正确写法

《规定》在"应当使用阿拉伯数字的两种主要情况"的第一条,就指出:公元世纪、年代、年、月、日和时刻要用阿拉伯数字,而且年份不能简写,如1980年不能写成80年,1950—1990年不能写成1950—90年。但有的科技期刊中依旧出现不规范的写法,如《油气井测试》1994年第1期第16页有"从九〇年开始在吐哈试验和逐步推广应用,到92年底已累计应用了67次。"因此建议应按《规定》采用阿拉伯数字书写年、月、日,其中年用4位数字,月和日用2位数字。

5. 其他

(1)并列的几个阿拉伯数字之后,复指其数量的数字用汉字数字表示,例如1,3,5,7四个为奇数。

(2)罗马数字在科技论文中使用较少,有时在图中线条、编号及图表注脚编号中采用。

(3)引用法规和重要文献时,其内容中数字应按原来写法书写,最好不要改变。

（4）在生产和科研中有重要作用的数字，要进行保密，应严格掌握，不要泄密。

（5）文中运用自己推算出现的数字，应仔细检查，使数字准确无误。如文中出现一系列相关联的数字，应检查它们前后有无相互矛盾和可疑之处。

（6）引用统计数字要考虑使读者有真实感受，次要的技术性很强的数字，如无损于主题的阐明，最好不用。

五、科技论文发表应注意的事项❶

撰写科技论文是完成科学研究工作的最后环节，其主要目的之一是通过发表，将科研成果公之于众，使其得到社会的广泛认可，从而获得相应的经济效益和社会效益。我国的自然科学基金项目申报、评选等也把在级别较高的期刊或是进入著名检索系统（如 SCI，EI 等）的期刊上发表文章作为批准的依据之一，职称评定更是看重参评人发表文章的数量与质量。尽管这种做法不甚合理，但科技工作者却不得不重视。那么，怎样才能高效地发表一篇文章，提高一篇科技论文发表的命中率呢（郑秀娟和朱伟，1997）。

1. 要学习一点科技写作知识

科技工作者要学习一点科技写作知识，这是撰写科技论文的基础，只有充分了解和掌握了科技写作的基本要领和技巧，才能明白科技论文的写作方法，才能在撰写科技论文时少走弯路，也才能更顺利地写出像样的科技论文。

---

❶ 此部分内容原文刊登于《科技与出版》1997 年第 6 期总第 90 期第 33~34 页。收入本书时有较大补充与修正。

所谓科技写作，就是运用语言文字和一定的格式反映科技信息的创造性劳动，即以写作的理论和技术把科研成果进行科学的表达和描述，从而达到让同行专家和社会认同其成果，能够让成果在社会上广泛传播的一种形式，是科技工作者的一项基本功（周启源，1983；阎俊清，1995）。

科技写作除具有写作的基本特点外还具有以下特点：目的明确是科技写作最明显的特点，因为每一篇文稿都有一定的专业范围和读者对象；内容科学是科技写作的灵魂和生命，只有内容科学才会产生价值；格式规范是科技写作的基本要求，了解了有关规定、规则和标准，才能写出符合要求的文稿；语言独特是科技写作的语言特色，句子通顺、朴实无华、用词准确、图文并茂、夹用科学符号、并适当地使用数学语言，是科技文体的显著特点。

2. 向读者的需求靠拢

在科学技术突飞猛进的当代，科研文献大批涌现，学术期刊如雨后春笋，而读者的时间有限，不可能全部涉猎，总想挑选那些对自己有用的文章来读，并希望用较短的时间获得较多的信息，学到新理论、新经验、新技术，从而使自己的业务水平有所提高。从某种意义上讲，也是读者向撰写者提出一个殷切的希望。作者在撰写论文之前如能考虑这一点，想想自己如果是读者，看到这篇文稿时最想看到的内容是什么，然后沿着这个思路组织文稿，把科技成果的精华部分，用简洁科学的语言表达出来，并且适当地用精美的图件对内容进行解释与分析，既可以调动读者的阅读情绪，也可以美化版面，对撰写文稿一定会有帮助。

3. 多读、多写、多修改是科技论文成功的奥秘

多读就是要多读一些优秀专著和科技文献，对不同类型科技文体的特点、格式、表达方法和写作技巧进行分析，从中汲取有用的东西，悟出科技写作的道理。尤其是要读和自己撰写内容相近的科技论文，分析其成果的写作方法与特点，一是可以让自己少走弯路，二是避免与他人已经发表的文章发生冲突或重复。在阅读文献的过程中，尤其不能忘记阅读准备投送文稿的科技期刊近期发表的文章，这样才能够不盲目，做到知己知彼。

多写就是要勤于动笔，写多了就会找到科技论文写作的规律和技巧。科技工作者要尽自己的力量来撰写科技文稿，不能怕被拒稿就不动笔，只要有科技成果，就要想办法让它公之于众，这样既是对自己工作的总结与提升，也会对他人了解学科的进展有一定的帮助。撰写论文，不一定是为评职称、完成单位计划或是得资金，而应该成为科技工作者工作中必不可少的一部分，这样才能进一步促进科技更快地发展。勤于动笔，撰写好相关的科技论文，让撰写与发表科技论文成为科技工作者的工作常态。

多修改是指文稿撰写之后，不要马上投送给编辑部，作者要先对文稿进行必要的修改与补充，文稿结构是否合理？是否遗漏了学术观点或是实验步骤？题目是不是准确地表达了作者想要表达的意思？还要进一步校正主题，检查引文、数据、资料有无偏差，语言表达是否准确、清楚，图表是否精美，有无错别字。只有认真修改才能写出好作品。

4. 选中期刊及栏目

目前国内外科技期刊大约有 15 万种，仅国内就有 4000 种

以上，因此每个行业内都有几十种甚至上百种科技期刊，这就要求作者平时多看有关期刊，对相关学科的科技期刊有一定的了解，心中对科技文稿的目标期刊要有数，然后再对此期刊内容及栏目都有一定的了解，才能给文稿找到最适合的"婆家"，必要时向有关专家请教，让其帮助推荐给合适的期刊及栏目。

专家往往是相关专业中多种期刊的编委，对学科领域内的期刊情况了如指掌。在向专家请教的过程中，也请专家帮助审稿，最好能写封推荐信，这样的文稿编辑部亦会比较重视。

5. 研究所选期刊要求

选准期刊后，要针对该刊的编排格式及标准化内容进行研究。虽然国家有统一的规则与标准，每个行业也有一定的规则与标准，但每种期刊都有其特定的格式要求和风格，要按其要求进行编排、修改。千方百计让有价值的文稿尽快发表，是编辑责无旁贷的义务。同时他们希望文稿不仅内容上有价值，最好形式也符合本刊要求，这样编辑的编排、修改量小些；如果是发送电子稿件，一定要注明作者的联系方式，包括地址与电话，否则编辑部无法用最快的速度联系作者，电子邮件有些时候说不清楚时，编辑往往会给作者打电话沟通；若一同寄上打印稿及发送电子稿件，编辑部就会省去一些繁琐的打印工作，编辑喜欢这样的文稿。

6. 尊重编辑的工作

作者若寄手抄稿，文稿字迹一定要清楚、整洁，尤其是字母、符号要正规，必要时用铅笔注明大小写、正斜体及上下脚标，这样既表示作者对文稿的重视程度，也便于编辑、专家审稿，同时也显得尊重编辑，编辑对这样的稿件也有好感；若字迹潦草，字母符号分不清，就会在一定程度上影响发表。当然目前几乎百分之百的是电子稿件，作者也不要忘记做到标准化，尽量采用行业规范或同行专家平时惯用的统一符号；如果是作者第一次使用，一定要有注释或说明，便于编者审校。

编辑加工科技论文是复杂的劳动，累人且浪费时间，编辑对你的文稿进行编辑初期，往往会寄一份修改意见与作者商量，这时就要及时修改并回复；若不修改也应及时说明原因，不要拖得时间过久，以免给编辑部留下不重视或是让编辑认为你不想再发表的印象，耽误文稿的发表时间。

有时编辑看到内容不错但不属于自己期刊刊登范围的文稿，会在退稿时建议你改投某种相关期刊，但编辑工作非常繁忙，而且现在电子投稿多数不存在退稿，你的文稿可能会因不适合该刊而耽误发表。编辑部之间都有同行业内的期刊交换，编辑对各期刊的内容都比较了解，因此及时与编辑部联系，及时给编辑回信，让其给你推荐或转投相应期刊是文稿提早发表的一种不错的方法。

一篇科技论文能否顺利地及时发表，受多方面因素的影响，其中内容是关键，但也不能轻视论文写作规范、标准和要求，只有内容和形式完美结合，才是一篇好文稿。文稿完成后，后期工作也要重视，选准期刊，做到有的放矢是作者要特别注意的问题。尊重编辑的劳动，与编辑通力合作，是一篇文稿最后能否及时发表的重要因素。

参 考 文 献

陈亮.1992. 撰写科技论文的几个问题［J］. 编辑学报，4（3）：143-145.

陈方荣.2004.图表制作的标准化方法［J］.石油工业技术监督,（4）：42-43.

陈浩元主编.1998.科技书刊标准化18讲［M］.北京：北京师范大学出版社.

欧裕德.2000.试论科技论文的编写格式（上）［J］.光通信技术,24（3）：236-240.

姜昭武主编.1999.学术期刊编辑规格标准化［M］.北京：海洋出版社：41.

王立名.1995.科学技术期刊编辑教程［M］.北京：人民军医出版社.

阎俊清主编.1995.现代科技写作简明教程［M］.天津：天津科学技术出版社：1-13.

姚舜才.2001.关于图表方法的一种思考［J］.华北工学院学报（社科版）,（4）：20-22,31.

于兴河.1998.地学研究的思维方法、过程、特点及目标［J］.学位与研究生教育,（3）：17-19.

于兴河编著.2002.碎屑岩系油气储层沉积学［M］.北京：石油工业出版社.

于兴河,陈永峤.2004.碎屑岩系的八大沉积作用与其油气储层表征方法［J］.石油实验地质,（6）：517.

于兴河,郑秀娟.2005.地质科技论文的撰写方法［J］.中国地质教育,（2）：70-72.

于兴河,郑秀娟.2006.地质科技论文中图表种类与功能的探讨［J］.科学研究月刊,（10）：151-152.

张天定,杜兴梅,于怀钦.2000.学术论文指导［M］.开封：河南大学出版社：133-165.

郑秀娟,朱伟.1997.如何提高科技论文发表的命中率［J］.科技与出版,总第90期（6）：33-34.

周启源.1983.科技论文写作须知［M］.上海：上海科学技术出版社.

附录　其他期刊研究内容

自1994年从事科技期刊编辑工作以来，一晃已有近20个春秋，期间尽管只是从事科技期刊的编辑工作，对其他期刊没有涉足，但也不是漠不关心。2001年在考虑硕士毕业论文时，没有受限于科技期刊的范畴，在导师及同学的鼓励与参谋下，大胆突破自我，选择当时办得比较成功的妇女期刊作为选题，从相对外行的角度，对妇女期刊进行了较为系统的分析研究。前几年因想做科普期刊的课题，也就把科普期刊的现象列入关注范围，因而也对此有一定程度的思考与资料收集。笔者深知，这样东一下西一下地进行期刊研究工作，实在只是蜻蜓戏水无一精处，涉猎再多，还是科技期刊研究为主要内容。但把以往内容集结于此书，也算对过去研究工作的一个交代，仅此而已。如果能对看到此章的诸君有一点启示和益处，那将更令笔者倍感欣慰！

一、妇女期刊

1. 妇女期刊的社会功能❶

妇女期刊并没有一个严格的定义，新闻出版总署期刊司张

---

❶ 此部分内容原文发表于《南通师范学院学报》2002年第18卷第1期第157~160页。后全文被中国人民大学的《报刊复印资料》全文转载，收入此书时稍作修正。

泽青在《中国妇女期刊的现状及社会功能》（罗琳，1994）中指出："妇女类期刊，在我国特指那些由妇联系统主办的、以广大女性为主要读者对象的期刊。"将期刊的主办单位限定为妇联，而且主要读者对象为女性。中宣部出版局高江波在《中国妇女期刊评述》（高江波，1996）中，虽然没有给出妇女期刊的定义，但明确指出"截止到1994年底，全国共有妇女期刊42家。其中，全国妇联及直属机关主办的有11家，各省、自治区、直辖市妇联主办的有31家"。可见，将妇女期刊的主办单位限定在妇联已经形成共识，虽然有人将社会上其他单位主办的、以女性为主要读者对象、内容以引导女性消费为主的期刊也叫做妇女期刊，像《服饰》、《瑞丽系列》等，但并没有得到广泛认同，而且也不符合妇女期刊的历史沿革。中国历史上的第一份妇女期刊《女学报》于1898年5月由女学会在上海创办，其宗旨是提倡女学、争取女权、宣传男女平等和婚姻自主，并提出了妇女参政的要求。可见，中国妇女期刊一开始就是"高举妇女解放的大旗，不断开拓妇女运动的新阶段，真实记录了新女性的时代风姿和前进足迹"（高江波，1996）。近百年来，妇女期刊一直坚持"向社会宣传妇女，向妇女宣传社会，促进妇女进步、发展和解放"的办刊方针，鉴于此，作者将我国的妇女期刊暂定为由妇联系统主办的、指导妇女工作、研究妇女问题、关心妇女生活、以广大妇女为主要读者对象的期刊（郑秀娟，2001）。

妇女期刊的蓬勃兴起，是我国妇女解放运动进一步发展的具体表现，它反映了我国广大妇女对社会生活参与意识的觉醒以及价值取向的新变化。妇女期刊的快速发展，适应了我国政治、经济、文化事业发展的需求，也在一定程度上满足了广大文化消费者、特别是女性消费者的需求。笔者从妇女期刊的特点入手，阐述了妇女期刊的主要社会功能。

1）为妇联的中心工作服务

作为妇联系统主办的期刊，为妇联的中心工作服务是其办刊目的和主要任务之一，因此，妇女期刊应该具备宣传、灌输、引导的功能。如《中国妇女》、《中国妇运》等期刊，紧紧围绕党的路线、方针和政策，以团结教育广大妇女为宗旨，展示中国妇女的精神面貌，反映妇女在工作、生活中的困惑和体验。定位于妇女界的重大事件，对广大妇女具有极强的感召力和教育作用。

《中国妇女》杂志始终坚持"弘扬主旋律，坚持高格调，展开大视角，荟萃真善美"的办刊方针，向社会宣传妇女，向妇女宣传社会，为全面提高妇女素质、促进全社会两个文明建设作了不懈努力。这类期刊关注妇女的思想动态，鼓励妇女参与社会活动，帮助妇女认识自我、战胜自我、超越自我。在市场经济的新形势下，解除妇女的情感困惑与心理危机，提高劳动妇女的社会竞争力。《中国妇女》副总编辑韩湘景就曾根据企业改革初期的社会变化指出，下岗女工是很重要的读者群，只有了解这群妇女，刊物才能办得富有生机和活力。《中国妇女》的女性热点问题讨论，就曾多次探讨女性下岗后的困惑，有很强的教育意义和指导作用（魏晓红，1998）。

全国妇联副主席、书记处书记田淑兰在《中国妇运》创刊50周年纪念大会上发表的讲话，是对妇女期刊的最佳评价。她充分肯定了《中国妇运》50年来在妇女事业发展中发挥的重要作用，指出了《中国妇运》担负的重要使命，即《中国妇运》是党的舆论宣传阵地，是妇女工作指导阵地，是妇联干部培训阵地,是妇女工作交流阵地,是妇女问题探索阵地(池雨花,2001)。

2) 协调家庭、人际关系,从而稳定社会的功能

恋爱、婚姻、家庭是妇女期刊内容的一个重要方面。妇女期刊积极宣传爱情、婚姻的新观念,宣传积极向上的正确婚姻价值观,赞扬人间真挚的情感,提倡婚姻的严肃性与纯洁性,寓理于情,寓教于乐,多角度、多方位地教育广大妇女提高家庭责任感和社会责任感,陶冶性情,净化心灵,反对传统的夫贵妻荣等视女性为附庸的封建陈腐思想。在我国,很少有哪一类期刊能够像妇女期刊那样深入到家庭,起到"订阅一本,全家受益"的作用,这是妇女期刊得天独厚的优势。家庭是社会的细胞,有了健全的细胞,才会有一个强盛和谐的国家。妇女期刊深入到各个家庭,对家庭的稳定、和谐及生活质量的提高产生了有益的影响,通过稳定家庭从而稳定社会,是妇女期刊的又一重要功能。目前,不少妇女期刊在围绕这一话题做文章时,进行了深入的调查研究,从文章的选题,到栏目的编排、形式的变化等方面,都进行了认真的探索和大胆的实践。事实证明,通过妇女期刊所传播的关于正确处理、对待婚姻家庭中各方面的内容,使许多家庭受益匪浅。正是通过这种长期的、潜移默化的影响,才能够使得我们社会主义社会的家庭关系更加趋于正常化,使千百万家庭的生活质量不断提高,使精神文明的发展与物质文明的发展同步进行。这样,社会就会更加安定,对改革开放就更为有利(罗琳,1994)。

《家庭》的办刊宗旨开宗明义:在恋爱、婚姻、家庭领域里报道具有典型意义的真实故事启示人;探索当今带有普遍性的理论问题引导人;介绍现代身边科学新成果帮助人;从而促

进当代人建设科学、健康、文明的生活方式，建立适应我国经济、社会变革的婚姻与家庭生活（罗琳，1994）。《家庭》杂志在明确的办刊指导思想下，紧紧抓住了"家庭"两个字做文章，对家庭的每一个成员来说，读后都会受到教育、启迪和鼓舞，在心灵中留下深刻的印象，使人们更加热爱今天的美好生活。《知音》除了表现夫妻之情外，还表现父母子女之间、兄弟姐妹之间、妯娌之间、姑嫂之间、婆媳之间的亲情。大量催人泪下的报道，使读者在欣赏故事的同时，受到家庭伦理道德方面的教育。如《苦难兄弟，索求生命八千里》（1996年第2期）中的哥哥，当上大学的弟弟身患不治之症后，倾其所有到全国各地遍访名医，寻求社会救助；当弟弟住进医院后，又守护在身旁，表现了无私的兄弟情谊。这些报道对当今社会上存在的夫妻反目、兄弟成仇、婆媳不睦等现象无疑有一种教育指导意义（胡文启等，1998）。由于妇女期刊针对性强，故事生动，读者极易受其感染并得到一定的启迪，有的精神上受到了鼓舞，有的驱散了笼罩在自己家庭上空的乌云，有的帮助自己的家人戒了赌，挽救了濒临崩溃的家庭。所有这一些，都在稳定社会方面起到了一定的促进作用。

3）具有揭露与抨击社会中残害妇女儿童的罪恶、维护妇女儿童合法权益的功能

代表妇女的利益，反映妇女的愿望和呼声，维护妇女的合法权益，是妇女期刊的重要职能之一，也是其义不容辞的责任。多数妇女期刊都能以各种方式反映妇女的心愿，增强妇女的法律意识，鞭笞歧视和残害妇女儿童的丑恶现象，积极为受害妇女伸张正义。《中国妇女》发表的《十二年沉冤得昭雪》、《衙内犯法与庶民同罪》等文章；《妇女生活》对打击全国特大绑架

拐卖儿童团伙的报道、对沿海"三资"企业虐待女工现象的透视；《妇女之友》对高玉华上访案、傅启超之死的连续追踪报道等，都以不同的方式切实维护了受害人的合法权益，有的事例引起了有关领导和社会各界的重视。(高江波，1992)。

许多妇女期刊，都是站在弱者的位置，用正义的声音向社会呐喊，鼓励妇女坚强地站起来，勇敢地维护自己的权益和地位。就像《女报》第100期"一个栏目的诞生"中提到的："……作为传媒的《女报》，除了提供休闲娱乐，提供动人故事和日新月异的信息，还能为读者做些什么呢？……其实，对弱势群体的关怀一直是《女报》的使命，我们要做的只是强化它，将它以栏目的形式固定下来。困难是显而易见的。对某个事件的关注很容易触及某些不法之徒，某些权贵，某些利益集团，有人来信或来电威胁，甚至扬言出10万元买我们的人头，我们的记者外出采访时被人打伤……我们要让读者知道：你不是孤独的，还有一种声音，在为你真诚的呐喊；还有一种力量，在支撑着你愤然前行的人生。曾经，正在，永远！"(《女报》编辑部，1999)

4）热情讴歌现代妇女的精神风貌，体现我国妇女地位的深刻变化，宣传马克思主义妇女观

在社会进步和科学发展中，有许多做出卓越贡献的女性科学家、政治家、作家、教授、学者，还有更多在平凡岗位上无私奉献的女性干部、工人、农民、教师、战士、护士、保育员等，其典型形象多出现在妇女期刊上。妇女期刊广泛弘扬了女性的创造精神、进取精神，展现了女性的智慧、才干和风采，让各行各业出类拔萃的妇女成为广大人民学习的楷模。

《中国妇女》多年来采写各条战线的女性佼佼者，作为

"向社会宣传妇女"的立足点,每年介绍给社会的先进妇女人物不下数十名。《女性天地》在职业女性中选择自己的报道对象,先后报道过邓颖超、蔡畅、向警予、康克清等我国妇女解放运动的先驱和领导人;陈慕华、万绍芬、王蓉贞等女性高级领导人和各级女领导干部;我国第一个赴南极考察的女地质学家金庆民,饮誉中外的"海王牌"铅酸蓄电池的发明者王莲香,我国第一个大型轮胎的研制者廖永莲以及一大批成就卓著的女科学家、女教授、女学者、女作家、女医师、优秀女工……她们像灿烂的群星闪烁在《女性天地》。近年来,《女性天地》还连续报道了一批女外交官及外交官的夫人,反映我国妇女不但在国内事务中参政议政,而且在国际事务中同样发挥巨大的作用,更深层次地体现我国妇女地位的深刻变化(孙琛,1998)。

在历史和现实的交汇处,多层次、多角度、全方位地展现当代女性的群像和风采,是妇女期刊对妇女形象宣传的重要特色。在妇女期刊的人物长廊中,有女公仆、女英雄、女军人、女教师、女科技工作者、女美术家、女企业家、女职工、新农妇等。透过这些人物形象,读者从中看到的是一个觉悟的、奋进的妇女群体,是一个踏步前进的新时代。妇女期刊对这些妇女形象的宣传,闪烁出马克思主义妇女观的光彩,为广大妇女树立了学习的榜样和奋斗的人生目标,同时也有力地影响了社会对当代妇女的评价尺度和审美标准(高江波,1992)。

5)在社会主义道德建设中的独特地位和作用

社会主义道德建设的基本要求是爱祖国、爱人民、爱科学、爱劳动、爱社会主义,而这"五爱"中最主要的还是爱国主义。爱国主义是中华民族的优良传统,是在长期的历史发展中形成的热爱祖国、赞颂祖国、忠于祖国、报效祖国的思想、行为和情感。妇女期刊大力宣传为祖国民族解放事业而献身的老一辈女革命家，她们在争取民族解放的事业中，创造了惊天地、泣鬼神的业绩。1991年第10期《知音》刊登一篇《热血忠贞情似海》，记述了老革命家曾志战斗的一生，在60多年的革命生涯中，她先后献出了3个丈夫和3个儿子（注：曾志曾经先后结婚3次）；其中一个儿子，是在两个月的时候被卖了100块大洋，充作党组织的活动经费的。当儿子被抱走时，"她一个人躲在屋里。她哭了，哭得昏天黑地！"这母亲的哭声，让人们从深刻的层次，理解了革命妇女的痛苦、牺牲和奉献的意义，使革命女性形象十分光彩夺目。通过对像曾志一样的老一辈革命家在艰苦卓绝、险恶异常的环境中坚持对敌斗争，以民族大业为重，放弃儿女情长的事迹的报道，让读者看到我国优秀的妇女代表的坚韧信念和高尚品格，从而激发人们、特别是当代妇女的爱国热情。同时，大力宣传在建设有中国特色社会主义事业中涌现出来的爱国英雄人物，大力宣传普通人中具有民族自尊心、自信心和自豪感典型人物的动人事迹，让读者感到我们的祖国可爱、民族可爱、人民可爱，从而为国家、民族的繁荣富强而尽职尽责。

妇女期刊热情讴歌美好的人际关系，以创造团结和谐、充满友爱的社会环境为己任；妇女期刊紧紧抓住道德建设的时代特征，提倡新的道德风尚，揭露和鞭笞腐朽没落的道德风俗。这些内容的报道都是用真实的人物和生动的事例，使广大的读者从中受到启迪，培养了自己的美好情操。《知音》在1996年第7期上刊登了报道《好人像大侠》，写的是主人公胡朝民曾留学日本并学到一手种植葡萄的绝活，回国后被一个地方聘用。后来不幸得了败血症,在妻子和病友的关怀下,他奇迹般活了下来。再以后他与妻子走南闯北,在贫困中还收养了3个被遗弃的孤儿。胡朝民夫妇的动人事迹感动了许许多多的人,很多人都慷慨解囊,纷纷捐款捐物。这类稿件,讴歌了人间的至爱真情,向人们进行了传统美德的渗透。

6) 储存妇女学信息,具有资料库功能

期刊作为出版物的一个重要类型,以"短、平、快"为主要特征,以其无限期连续出版的动态方式和定名、定时、定量的静态标志,持续跟踪反映人类文明进程(宋应离,2000)。在人类文明进程中,女性不应作为被忽视的一部分。在过去的数千年文明史中,中国古代虽然史籍浩瀚、汗牛充栋,但它们大多都是帝王将相的记功簿,至多有几个后妃名媛、烈女节妇忝列其间;对于不登大雅之堂的普通妇女生活,史学家们从来不屑一顾,所以这方面的记载少得可怜(高世瑜,1996)。这是历史的悲哀,更是妇女的悲哀。中国是一个农耕社会,男耕女织,这是一个社会分工。在县志和一些史书的记载中,往往是男丁多少多少,甚至牲口像牛多少多少头,而对从事纺织业的女人,几乎就没有记录(陈晓玲,2000)。随着人类社会的进步和人类文明程度的不断提高,妇女的社会地位不断提高,妇女期刊作为女性解放的见证存在于社会,而且推动着妇女解放运动的不断向前发展。妇女期刊内容丰富,多层次、多角度、全方位地展现当代女性的群像和风采,作为时代和历史的见证,通过大量的纪实作品,记载了妇女工作、生活的方方面面,是研究妇女问题的资料宝库。

综上所述,妇女期刊的一个重要任务就是向社会展示广大妇女的新风貌,让妇女认识自身价值,增强广大妇女的自信心，鼓励广大妇女自强自立，激励她们积极投身于社会主义建设事业中去。随着新中国的成立和社会主义社会的不断进步，广大妇女的政治、经济地位不断提高。妇女参政议政、参加社会活动，"妇女能顶半边天"在我国已成为现实。然而，由于封建思想的残存，歧视妇女、损害妇女合法权益的现象依然存在，有些地方还非常严重。因此，维护妇女合法权益便成为妇女期刊责无旁贷的义务。我国目前公开发行的妇女期刊，大部分属于综合性、大众性期刊。它们不但应以高亢的旋律歌颂巾帼英雄们的光辉业绩，以锋利的笔法鞭挞歧视、残害妇女儿童的丑恶现象，还应以春风化雨的绵绵细语去启迪、开导广大妇女，向她们传播科学文化知识，引导她们走向文明的现代生活。期刊是舆论的一块很重要的阵地，是新闻出版大军中的重要方面军。我们应该以江泽民总书记所指出的"以科学的理论武装人，以正确的舆论引导人，以高尚的精神塑造人，以优秀的作品鼓舞人"为准绳，做好舆论导向工作。妇女期刊是研究、刊登以女性问题为主要内容的期刊，女性问题是人类社会发展中一个带根本性的问题，可以这样说，认识女性，确定女性的地位，维护女性的权益和尊严，给女性的生存发展一个无限广阔的自由天地，这不仅仅是对女性的认识问题，而是对整个人类的认识问题（陈晓玲，2000）。因此说，妇女期刊是人类发展不可缺少的一个组成部分。

2. 妇女期刊营造品牌的策略❶

我国的妇女期刊，崛起于十一届三中全会以后。当时，社

---

❶ 此部分内容是笔者硕士学位论文主要内容之一，收入本书时稍有修正。

会的宏观环境为妇女期刊的创办准备了充分的条件。"所谓宏观环境是指那些能对期刊目标读者产生深刻影响，从而能对期刊的市场形成机遇或威胁的主要社会力量的现状及其发展走势。它包括政治法律环境、经济环境、人口环境、自然环境、科技环境、文化环境八大系列"（蒋文杰，1998）。人的需求、兴趣是人的重要属性之一，是一定环境中的需求、兴趣，这无不打上当时宏观环境的烙印，受到宏观环境的培育与制约。期刊是给人看的，妇女期刊主要是给女人看的，那个年代，各级妇联组织相继得到恢复和发展。随着改革开放的不断深入，广大妇女更为自觉地汇入时代洪流，广泛参与社会政治、经济和文化生活，妇女地位得到了前所未有的提高：昨天的女人只能当护士，今天的女人可以当医生；昨天的女人只能当秘书，今天的女人可以当总经理；昨天的女人只能当航空小姐，今天的女人可以当飞行员。女人可以当法官，当律师，当教授，当记者，当工程师。女人的解放不仅仅表现在女人的职位越来越高，更在于女人有了选择的权利。今天，我是公司的总经理；明天，我可以回家当家庭主妇。今天我是家庭妇女，明天我可以竞选人大代表。女人的命运在女人自己手里。由此产生了对信息交流和表达愿望的迫切需求，从而为妇女期刊的迅速发展提供了契机。期刊的发展离不开品牌效应，良好的品牌形象和口碑，促进了妇女期刊的蓬勃发展。为形成品牌期刊，从作者、编者、读者、社会多方面入手，全方位地将期刊推向社会。

1）期刊营造品牌的手段之一——稳定精干的作者队伍

凝聚一支相对稳定、精干的作者队伍，是体现期刊特色的重要一环。编辑要广交朋友，让作者了解自己，了解和熟悉期刊的风格、特色；编辑要在了解作者的写作风格、兴趣爱好的基础上，建立科学的作者信息数据库，处理好名家与新秀的关系，有重点地与新老作者交流信息、沟通感情，要经常举行讨论会、笔会启发思路，为他们的成长创造条件。

"为了使刊物办出档次和特色，《家庭》跨新闻、文学、学术三界，团结了一大批作家、专家和学者，这在当时的期刊界来讲是很罕见的。早在1987年，《家庭》就提出了一个文学新概念——家庭文学！全国许多著名作家都为《家庭》寄来佳作，有王蒙、丛维熙、秦牧、碧野、徐迟、张贤亮、柯岩、韶华、李国文、俞天白、陈国凯、王安忆、张抗抗、王小鹰等一百多位！……通俗刊物最难的是似俗而不俗，这些年来，《家庭》邀请许多著名学者、甚至大学者像费孝通、雷洁琼等，为《家庭》撰写将学术概念阐述成自然语言的文章。苦死了学人，但甜了读者。能得到学术化了的通俗性，这就使刊物达到"似俗而不俗、似有还无"的境地。《家庭》的档次和特色在这里得到了体现，《家庭》的品牌也创出来了"（莲子，2000）。

面向社会的征文活动是期刊赢得优秀作者的主要途径之一。如《家庭》1999年的"50年家庭故事"征文、2000年的"常回家看看"和"气质与品位"征文等，使《家庭》在更大范围内赢得了作者。另外，惊人的稿酬也为大刊赢得作者出力流汗，《家庭》"从1997年下半年开始，紧紧抓住'三贴近'这个目标，从政治性、真实性、可读性、新闻性上下手，以万元稿酬征好稿的气魄，推出了头条征文大赛，狠抓'高山响鼓'式的重头文章，使刊物质量又胜一筹"（张芬之，2000）。《知音》也在"本刊举办第二届'知音新闻纪实作品大奖赛'

公告"中，以惊人的稿酬向社会征稿"此次大赛每期设立提名奖1~3名，凡获得提名奖的作品，除每千字按1000元标准付给稿酬外，另发给奖金10000元；年底在全年24期获得提名奖的作品中产生一、二、三等奖。设立一等奖1名，奖金30000元；二等奖3名，各发奖金20000元；三等奖8名，各发奖金10000元。也就是说，同一篇作品有可能获双重奖，最高奖金可达40000元"（《知音》编辑部，2000a）。

2）期刊营造品牌的手段之二——精干的编辑队伍

期刊业内的竞争是一种全方位的竞争，包括人才、资金、设备、技术手段等，但归根结底是人才之间的竞争。世界期刊界流行一句名言："杂志是编辑身影的延伸"，是指一本杂志的风格乃至整体质量，取决于编辑特别是主编的综合素质（高江波，2001）。新闻出版署期刊管理司司长蔡健光在《期刊质量：关键在编辑人才质量》一文中指出："期刊质量的制约因素很多，最重要的是经济条件和期刊人员的素质。在一定条件下，取决于办刊人员的政治素质和业务素质"（石潇纯，2000）。这两个方面如果不过硬，编辑人员不求进取，满足现状，缺乏精益求精、一丝不苟的工作态度，只要完成了采编任务不出现大的差错也就行了。这种混饭吃的思想是万万要不得的，会将期刊以前取得的业绩毁于一旦。编辑素质中重要的一点是要善于接受新鲜事物，敢于转变编辑思想，更新采编手法，改进办刊方式，应经常开展编辑业务活动，进行专题讨论，研究"编法"问题，这就是成功期刊的经验。

《女友》创刊之初，总编辑就向主管部门要到用人权利，面向社会广招贤才，对编辑、记者采用招聘制。他们从400余名年龄在25~40岁之间、大多具有大专以上文化的人员中，选择出8名编辑人员，签定了聘用合同（宋应离，2000）。《知音》期刊面向全国高薪招聘有志之才，在1998年第2期上刊登招聘编辑、记者。"具有大学本科以上学历，在新闻报刊界有三年以上的工作经历的编辑、记者，或至少有10万字作品发表在国内知名报刊上的其他人士。知识面宽，有一定政策水平，具有很强的独立采访、编辑能力和文字写作功底，有很强的吃苦耐劳精神、奉献精神以及适应激烈竞争的心理承受能力，对现代期刊制作流程、期刊语言特色、期刊文字编辑技术有初步的了解"（《知音》编辑部，1998）。从中可以看出《知音》对编辑素质的要求。同时《知音》还有自己的人事制度改革的基本思路：唯才是举，不拘一格选拔人才；竞争上岗，扬长避短使用人才；打破常规，破格提拔优秀人才；重在培养，营造自己的全方位人才。

3）期刊营造品牌的手段之三——追求期刊特色

鲜明的个性特色和作为精品的深厚的思想艺术功底，是刊物发展的活力。纵观妇女期刊中的几个品牌期刊，无不具有十分鲜明的期刊特色。《中国妇女》以"弘扬主旋律，坚持高格调，展开大视窗，荟萃真善美"为期刊特色；《女友》则文风清新，办刊思路活泼多变，编读互动性强；《家庭》刊登的内容贴近时代，贴近生活，情理交融，畅达温馨；《知音》刊登的内容深入生活，深入家庭，深入心灵，善于发现人物思想的真、善、美，突出"人情美、人性美"的特色；……

这里以《家庭》为例阐述期刊特色。《家庭》注意突出"贴近时代、贴近生活、情理相融、潇洒温馨"这一特点，用真实感人的故事来感染与吸引读者。在"雅"与"俗"的问题上，追求温馨实用、雅俗共赏的特色。由于注重刊物思想内容的厚实，注重强调刊物的文化品位，在真实的生活里找到"雅"与"俗"的结合点，使刊物真正做到雅俗共赏，思想性与可读性、新闻性与文学性、科学性与趣味性、学术性与通俗性融为一体。1996年3月27日，《新闻出版报》刊登了对国内主要报刊的随机抽样读者调查，文中说，"接受调查者认为，《家庭》作风朴实亲切，内容覆盖面广，贴近生活，其中有关婚姻心理方面的内容对缓和夫妻间的矛盾很有裨益，教育子女方面的知识非常有用，从日常生活的角度报道名人轶事，很有生活气息，吸引人也很打动人，对有关卫生保健的知识也很赞赏等，朴实亲切的风格，让内容更丰富，更有指导、启发的作用"（莲子，2000）。这段文字，正是对《家庭》期刊特色的一个很好的概括。

4）期刊营造品牌的手段之四——精品栏目

栏目是期刊版面语言的重要组成部分，精致的栏目名称本身就是期刊版面的艺术符号，其言语意蕴指涉期刊的文化主题，揭示作者的投稿范围，但更重要的是吸引读者、唤起读者的探究反射、阅读认同，刺激读者的购买欲。一定的栏目只能依附于一定的期刊，特定的栏目规定了其中的题材与主题（李频，2001）。

期刊营造品牌的关键在于策划出自己的精品栏目。若把期刊主体比作人体的话，期刊栏目就宛如人体的各个组成器官，而精品栏目则好比人体的眼睛、大脑和心脏。期刊精品栏目的个数不宜过多，应以栏目总数的20%～30%为宜。精品栏目为期刊的发展提供明亮的双眸、强健的大脑和搏动有力的心脏（《知音》编辑部，1998）。精品栏目的主要功能有：对期刊管理者而言，具有导控作用；对期刊编辑者而言，具有导编作用；对读者而言，具有导读和导向作用；对作者而言，具有导投和凝聚作用（周三胜，2001）。如《知音》的"爱心行动"、"蓝盾新闻"栏目；《家庭》的"名人谈家"、"命运悲欢"、"瞧这一家子"、"警世档案"栏目；《女友》的"特别企划"、"格调女友"、"青春不败"栏目。

5）期刊营造品牌的手段之五——调动读者的参与意识

期刊调动读者参与意识的方法多种多样，包括有奖订阅、面向社会的征文活动、读者调查与评刊、期刊售后服务等。"期刊是连续出版物，这就要求期刊编办者坚持真诚为读者服务的长期性，多层次全方位地摸索期刊售后服务。对期刊社来说，虚心征求读者的意见，圆满地处理好读者投诉，热情回答读者咨询，满足读者的真正要求，订正期刊在编、校、印、发中的差错，并对读者进行补偿，是期刊经常性的售后服务。每期杂志的售后服务都为读者购买下期杂志提供了经验，这种经验必然会影响到他对下期杂志的认购热"（李频，2001）。

读者调查是期刊最容易做的工作之一。读者调查是对读者阶层、读者数量及其阅读的目的、倾向、习惯、期望、实际需要等一系列问题展开的全面科学的调查研究。其中心目的就是摸清读者情况，精确读者定位，进而调整报刊运作方式，做到有的放矢，增强报刊的可读性，提高报刊质量（耿成义，1998）。在编辑的整个过程中，编辑与读者之间始终存在着一个交互式的信息反馈系统，在读者调查的反馈信息中，读者是以被动的方式将信息反馈给编辑的。强调编辑的读者反馈意识，不仅是指读者调查式的信息反馈意识，也包括随时随地地采集读者自发式反馈信息的意识，而着眼点则是放在处理和利用着两类反馈信息方面。对采集到的读者反馈信息，编辑将在分析、比较和归纳、整理的基础上，从中发现规律性的东西，找到编辑过程中的偏差，以修正具体的编辑或出版方案，力求达到编辑系统运作的最优化。

《家庭》特别注意读者调查和市场调查，经常召开专家评刊会和读者座谈会，或在读者中进行抽样调查。《家庭》还建立了一个读者调查网络，经常进行读者阅读心理的调查。此外，还在读者中聘请了一批评刊员，及时把评刊表填好寄给《家庭》编辑部，以便弄清读者的所思所想和他们最关心的问题。比如《家庭》编辑部了解到读者喜欢看一些短小精悍、生动活泼的文章，便微调原来的路子，及时推出"月月观点"、"家庭百喻经"等栏目，通过轻松幽默的杂文随笔来表现带有新思想、新视角的理论问题，受到读者欢迎（莲子，2000）。《知音》自1997年开始，每期都有"请您当'主编'"的调查表，"我们将从参加本次活动的所有读者来信中评出一等奖（1名）：奖现金1000元；二等奖（4名）：各奖现金500元；三等奖（10名）：各奖现金200元；四等奖（100名）：各奖18K包金项链（含链坠）一条。凡参加者均可加入'知音读者俱乐部'"（《知音》编辑部，2000b）。

6) 期刊营造品牌的手段之六——红红火火的社会公益活动

这些年来，妇女期刊的社会公益活动也开展得红红火火，在社会上产生了广泛的、积极的影响。妇女期刊不仅提供了健康、精美的精神食粮奉献给社会和人民，同时尽其所能关注社会、关爱百姓，积极举办一些社会公益活动，力求与读者休戚相关，息息相通，这既是使命与职责使然，亦是为国为民分忧，对于提高刊物的知名度、信誉度，增强对读者的感召力和吸引力大有裨益。

比如,《家庭》"先后举办过'全国美好家庭'、'全国优秀教育世家'、'全国体育明星优秀家长'等一系列具有重大影响的评选活动,还资助出版了一批有价值的学术著作,资助优秀贫困女大学生。为了使社会公益活动持之以恒、卓有成效,《家庭》拿出30万元设立救助苦难家庭基金,及时向陷入困境的家庭伸出援助之手。"1999年以来,"先后前往粤北韶关、英德两市向100户下岗特困家庭和女工捐助10万元和一些生活用品,又向遭受洪灾地区捐赠25万元课本款,以解学生的燃眉之急。最近,又与全国妇联、中国妇女发展基金会和广东省妇联联合举办'举千万《家庭》读者之力,建大地之爱母亲水窖'活动,为贯彻西部大开发战略,帮助西部干旱地区贫困母亲解决饮水难的问题尽一份我们的爱心"(莲子,2000)。《家庭》的一系列义举和爱心行动倡导和弘扬了"一方有难,八方支援"的良好社会风尚,呼唤了潜藏于人民心灵深处的爱心,也进一步树立了《家庭》期刊社良好的社会形象。《知音》曾举办过"湖北省十大女杰"、"平凡岗位上的100名优秀女性"等活动。《知音》还积极为开发大西北做公益广告,造舆论声势。"杂志社与中国青少年发展基金会、中国期刊协会、全国保护母亲河行动小组办公室联合全国期刊共同推出'开发大西北,保护母亲河,共建读者林'的大型公益活动,号召广大读者关心西部生态环境的改善,为建设一个美好的西部家园启动募捐义款的绿色希望工程,为国家号召开发大西北的战略决策创造良好的思想政治舆论氛围"(李晓樱,2001)。

值得一提的是,妇女期刊都把救助失学儿童当作己任,责无旁贷地举办或倡导了一系列活动，除《家庭》之外，《恋爱·婚姻·家庭》连年举办的"心连心、手拉手"活动，《现代妇女》连年举办的"爱心'EMS'爱心助学特快专递"，尤其是《女性天地》的"爱心护春蕾"活动，直接将救助对象指向失学女童，更是体现了全国妇联的"春蕾行动"计划。这些活动，一方面促进了社会公益事业的进一步发展，为失学儿童等社会上需要救助的弱者解决了实际困难；另一方面，期刊在社会上的声誉也进一步攀升。

7）期刊营造品牌的手段之七——建立良好的口碑传播网络

影响读者对期刊认同的因素有许多，其中，利用各种传媒进行宣传就是一个重要的因素。为此，不少期刊往往比较重视利用大众传播媒介即通过在报纸、杂志上刊登广告、目录、征订启事等向读者传递信息、扩大影响、树立期刊（社）的形象，以达到促进读者对该期刊认同的目的。殊不知，除上述传媒之外，还有一种不用花钱而又相当有效的传播媒介——口碑。口碑是比喻众人口头上的赞颂，它是一种民间舆论。一种期刊如果口碑载道，则表明该期刊获得了读者的广泛认同（《知音》编辑部，2000b）。

口碑无形，然而却掷地有声，其特点是可信赖度高；它是自发的，不受控于任何人，并且传播具有辐射性。口碑能够形成或者改变消费者的态度和意见，对他们的购买行为产生积极影响。

从几家发行量较大的妇女期刊来看，没有一家期刊不重视口碑的传播作用。除了举办社会公益活动可以得到较好的口碑外，向典型读者大量赠阅期刊也是其方法之一。据《IMI 消费行为与生活形态年鉴》［1995 IMI 消费行为与社会形态年鉴（北京卷，上海卷和广州卷），1996；1997—1998 年 IMI 消费行为与社会形态年鉴，1997；1998—1999 年 IMI 消费行为与社会形态年鉴，1998；2000 年 IMI 消费行为与社会形态年鉴（上），2000］调查结果，"经常阅读的期刊的主要来源"一项表明：妇女期刊在各大城市的赠阅比例相当高，比如《女友》1997 年在重庆的赠阅比例为 17.9%，1998 年为 5.9%，1999 年为 3.4%。赠阅是期刊扩大发行量的最佳途径之一，它们利用典型读者的口碑作用，增强期刊在社会上的影响力。

3. 妇女期刊存在的问题及对策❶

1）思想性和文化性的内涵渐趋肤浅；只有提高文化品位才能走出沼泽

改革开放后的最初一段时间，妇女期刊的理论性文章一般可占三分之一以上的篇幅，妇女理论期刊由过去的两家发展成为四家，反映出妇女理论界对妇女问题研究的重视和研究的进展。妇女期刊密切关注女性读者的动向，注意研究妇女问题、家庭问题及与女性有关的各种社会问题，汇集了新时期妇女理论研究成果，反映了当时我国妇女理论研究的水平，对于建设和发展具有中国特色的妇女学理论、深化妇女理论研究及培养新一代的妇女理论工作者等都将发挥重要的作用。但是，妇女期刊中与前一时期形成对照的是，"那些无关时代发展与妇女现实问题宏旨的消闲性内容，诸如风花雪月、小桥流水、吃穿

---

❶ 此部分内容是笔者硕士毕业论文内容的一部分，收入本书时稍有修正。因当时是 2001 年，所以文献及内容均为那时所作，本次没有进行新资料的补充与观点修正。**特此说明。**

玩用、梳妆打扮一类的文章，则比比皆是。这种以消遣取代审美的追求，无可避免地导致刊物文化层次和审美品位的下降。至于格调的低俗化现象，在妇女期刊中也时有出现"（高江波，1992）。有些刊物为了在激烈的市场竞争中抓住读者，追风媚俗，哗众取宠，大肆炒作各种耸人听闻的故事，鼓动作者胡编乱造，虚构情节、细节，把纪实作品、精神产品庸俗化，全然不顾新闻工作者肩负的使命和社会责任，把社会效益抛诸脑后。为数不少的期刊为了追求所谓的经济效益和"社会"效益，思想肤浅，内容空虚，表现手法近于流俗，甚而从内容到形式都是一些低级趣味的东西，不具备什么文化特征。虽然也一时取悦了读者，但长此以往就失去了许多信誉，误导了读者，产生了极坏的社会影响。随着读者文化及阅读品位和要求的不断提高，这类期刊的生命力必将会日趋萎缩。

"中国民族期刊有其自身的发展规律，这个规律要求我们做杂志必须回到其本身的文化建设与传播上"（刘宁和李频，2001）。坚持刊物的文化品格，可以使这部分期刊走出目前日趋严重的类同化。文化对于国计民生的重要性，人的精神素质对于社会进步、个人发展的重要性，已经并且将愈加被有识之士所重视，在一个注重精神素质不断完善、文化素养不断提高的社会里，它的文化商品，只有具有了较高的品味，才会拥有广阔的市场，用一句"市场推销"的专用术语来讲，提高刊物的文化品格也是市场的需要。从这个意义上来说，妇女期刊应该牢牢记住自己的那份使命感。应该在促进全社会人的精神素质的提高方面发挥自己的作用，策划好每一个专题，组织好每一篇文章。期刊永远要做的，是满足读者想得到而暂时还没有得到的东西。"读者订刊物是要有所得。他们的基本要求是要得到思想上的启迪，观念上的更新，情操上的升华，知识上的满足，审美情趣上的提高，以至希望在人生道路上给指点迷津，工作上和事业上给提供新鲜和有用的经验"（刘绪乾，2001）。提高刊物文化品位的一个重要途径，就是要做到思想性、科学性、知识性、艺术性的统一，真正把思想性、科学性、知识性以及大量的新鲜信息和高雅的审美情趣融为一体。《妇女生活》作为妇女期刊和文化生活期刊，始终注意大力宣扬当代女性的群体形象，大力倡导健康、文明、科学、向上的生活方式，大力传播健康、有益的科技和文化信息，大力营造温馨、高雅的家庭和社会文化氛围，既要做到"以正确的理论引导人"，又要做到"以高尚的情操塑造人"，这是妇女期刊的必备素质，也是立身之本（刘绪乾，2001）。

2）读者定位模糊，期刊在很大程度上存在雷同；市场细分化，找准读者定位才能有出路

由于妇女期刊的性质决定，妇女期刊所面临的主要是女性读者，如果不能将市场细化，突出每一种期刊的个性特点，很容易造成雷同。这种雷同首先表现在刊名，如今的妇女期刊大约可用3种类型概括：一类是带"女"字的，如《妇女》、《女士》等；一类是带"家"字的，如《家庭》、《现代家庭》等；第三类是指导人生为名的，如《幸福》、《知音》等。刊名的定位，实际上是办刊者思想的定位，当然也就决定了栏目设置的走向；刊名的相似，造成栏目构思上不可避免的雷同或相似。描写人物的有"当今女杰"、"女性风采"、"巾帼风流"等；反映社会生活的有"社会写真"、"社会透视"、"热点报道"等；反映家庭生活的有"我的家庭"、"名人家庭"、"瞧这一家子"等；反映婚恋生活的有"初恋时分"、"我的初

恋"、"恋爱季节"等；写名人的有"名人明星"、"名人专访"、"明星频道"等；写人生的有"人生旅途"、"人生五味"、"人生经历"等；设立的信箱栏目有"女友信箱"、"谈心亭"、"排云亭"等；生活保健知识方面的有"家庭医生"、"妇幼健康"、"心理健康"等。从上述这些栏目设置看，似乎哪家刊物利用都是合乎情理的。刊名的相似，栏目的雷同，必然导致期刊内容的雷同。这种单一化的思维模式，限制了妇女期刊的个性发展，使妇女期刊的个性化步履维艰。

避免重复办刊与内容撞车的办法是读者定位准确化、细分市场小众化。"所谓市场细分，就是根据不同的标准，如地理因素、人口因素、文化心理因素及经济因素等，将读者划分为类似的消费群体，得出他们对期刊需求的差异性，从而有针对性地开发潜在市场，集中人力、财力编辑出版适销对路的期刊"（李频，2001）。期刊要有基本读者，也就是说编辑出版的期刊是给哪些人看的，它的主要读者对象是谁，是为哪些层次的读者服务的，这是办好期刊的关键。正确地确定期刊定位是非常必要的，同时需要在实践中不断发展、完善、改革和创新，这也是在新形势下对办好期刊提出的客观要求和必须遵循的事物发展的根本规律。

反观我国妇女期刊，其最大的问题恐怕就在于读者观念的模糊了。《女友》曾经一纸风行，但它壮大的时代恰恰是中国期刊的"跑马圈地"时代，那时的市场还未细分，它的观念快了一步，于是就填补了空白。但随着竞争深入，其定位就略显模糊，内容上的针对性、实用性和贴近性就大受影响，很可惜的是，在已经确立了品牌的知名度和相当的美誉度后，没有很好地完成对读者忠诚度的切换，一个在中国观念转换最早的妇女期刊目前就这样面临困顿（李频，1998）。

因此，我国的许多妇女期刊面临着改变办刊方向、改刊的问题，从而调整自己的定位，办出自己的特色与风格。"改刊，概而言之，是期刊操作与运行机制转轨。改刊策划的基本目的是，根据社会文化和市场需求，在期刊自身现实基础上更新期刊编辑出版观念与传播方式，调整内容与形式，以适应期刊竞争市场。其要点是对期刊个体生命发展过程中重新规划与设计"（李频，2001）。改刊是在原刊的基础上革去死板呆滞的形式和陈腐枯燥的内容，代之以清爽悦目的形式和新鲜生动的内容，从而给刊物注入活力，使刊物焕发蓬勃的生机。要实现这个目标，必须进行精密的策划。成功的期刊，没有不改革的；不改革的期刊，很难获得持久的成功。长寿的成功期刊，畅销不衰，正是通过改刊最大限度地满足了广大读者的阅读兴趣。

令人欣喜的是，许多期刊已经开始在逐步调整自己的定位。北京市妇联办的《女性月刊》充分利用该刊的原有优势，从2001年开始，"在新世纪有新举动，2001年上半年将改名为《职业女性》……杂志社将陆续向市场推出'女性月刊'系列读物，而《职业女性》是'女性月刊'系列中的主打杂志，在保留原刊精彩内容的基础上，扩大为都市职业女性服务的版块，以更专业、更实用的办刊风格回报广大读者的厚爱。《职业女性》愿成为职业女性永远的精神伴侣"（《女性月刊》编辑部，2001）。武汉市妇联主办的《幸福》在2001年第1期"关于去年和今年"中表示："……在吸收读者意见的基础上，我刊进行了许多新的调整，新策划，力求给读者一种新感觉，新魅力。我刊将仍然坚持以'讲婚前婚后的读者喜欢的精彩故事'为主的定位。……"(《幸福》编辑部,2001)。

读者定位是一个动态变化的过程,只有不断地调整期刊的读者定位,在变化的过程中保持自己的特色,寻求期刊的稳定的读者群,才能使期刊在市场上有立足之地。在进入新的世纪之时,中国期刊正不可避免地进入出版资源和市场地位的大重组的历史进程之中。"专业化"将是有志于在新格局中处于有利地位的期刊的最重要保障。

3)部分妇女期刊的广告定位有偏差,广告也应注意舆论导向和基本读者定位

期刊既是精神产品,又是信息传媒,这是在社会主义市场经济条件下期刊的性质所决定的。就期刊本身而言,取得工商局的广告许可证之后,刊载广告,既是国家许可的,也是降低期刊成本、提高经济效益的可行性渠道之一,同时也是保持期刊低价位、减轻读者经济负担及争取广大读者的重要手段。但是,如果广告定位不恰当,广告做得不对读者的口味,或者做得过多过滥,那就会适得其反,就会因降低了刊物质量而得罪读者,从而丢掉市场。

从目前情况看,妇女期刊的广告基本定位是好的,大部分期刊都设有关于征婚内容的广告,这一点基本上与妇女期刊的特点相符;其次就是如日常生活用品、医疗广告、怎样写好钢笔字、上学、就业等内容,这些内容也无可非议。广告的问题主要表现在:一是有关美容的广告是不宜提倡的,像"女阴紧缩·丰胸·修改脸型——让你重塑自我""隆胸·减肥·除皱·整改脸型",这是与提倡妇女的自立、自强、积极投身于社会主义现代化建设相违背的;二是广告文章化也妨碍读者的阅读和分辨,有的期刊翻开内文你简直分辨不出哪一篇是文

稿,哪一篇是广告,编辑和美工高手用做广告的手法发文稿,用发文稿的手笔做广告,天衣无缝,水乳交融,让读者看后大有上当之感,心中顿生厌恶之情,如某杂志曾以"做女人'挺'好"的散文形式做广告,咋看是一篇十分优美的散文,读到最后才发现是"3 源美乳霜"的广告,且该文没有任何广告标志;三是有的广告作为补白放在文后,让读者看过动人的文章后,猛然接触到与之毫不相干的广告,心情也会感到十分别扭。

选择广告应当着意考虑几点:一是刊登的广告风格要和期刊内容相近,导向性要和期刊一致;二是刊载的广告内容即传播的商品和服务项目信息应该是读者个人生活所关心的,适应最基本读者群的要求;三是刊载的广告商品和服务项目应是基本读者能承受和消费的价格;四是刊载广告占用的版面要适度,一般以内页的十分之一左右为宜,不应减少读者原阅读版面;五是应以通过刊登广告增加读者的有效阅读版面为宜(李频,1998)。

4) 期刊地区分布不平衡,读者定位不准,应当优化地区分布格局,给予农村妇女多一点关爱

一个地区的社会经济、文化生活发展水平决定本地区的期刊发展,地区间经济文化发展水平的不平衡,表现在期刊出版上就会出现有的地方期刊数量多、质量高,有的地方期刊数量少、质量低。就我国目前妇女期刊的地区分布看,北京地区10 种,湖北 3 种,新疆 3 种,广东、山东、吉林和内蒙古各 2 种,其余 17 种分布于 17 个省市,还有宁夏、青海、西藏、贵州等少数省、自治区没办妇女期刊,即经济文化发展较快的东部地区、大中城市期刊的数量、质量和发行量,都超过了经济

文化发展较慢的西部地区，而且这个差距还在拉大，因为新近创办的期刊依旧集中在发达地区的大城市。期刊地区分布的过度集中，不仅人为地给编辑、印刷、发行带来压力，而且不利于期刊出版两个效益的实现。"如果完全按照经济文化的原生态来决定期刊的出版，期刊的地区分布势必出现'马太效应'现象。马克思哲学告诉我们，上层建筑决定于经济基础，又反作用于经济基础。作为上层建筑的期刊出版对经济基础的反作用，在于用先进的理论和科技知识来武装读者，提高人的素质和生产技能，从而更有效地进行社会实践活动。因此，从这个意义上讲，调整优化期刊的地区布局，其意义不仅在于改变期刊地理布局上的不合理现象，而是对智力支边，科技扶贫，推动落后地区的经济文化的进步，具有更重大的社会发展方面的意义"（胡文启等，1998）。

"中国农村妇女地位非常低下，加之中国农村妇女这个群体特别庞大，所以她们才是中国女性问题的真正所在"（陈晓玲，2000）。而我国妇女期刊的读者定位90%以上是城市妇女，而广大农村妇女没有可读的期刊，要知道，广大农村妇女是非常需要和她们生活相关的期刊用来指导她们的生活的。妇女期刊无论如何不该忽视这一问题。据《中国农村妇女自杀报告》提供的资料：从1990年到1994年，我国平均每年自杀死亡人数为324711人，在这个人数中，农村妇女自杀人数每年170000人以上，比例高达52.35%。中国出现的妇女自杀死亡率高于男子的现象，在世界各国中是决无仅有的（谢丽华，1990）。农村妇女自杀的直接原因很多，但深层原因主要有两个：一是个人与社会疏离，产生严重的孤独感、空虚感及悲剧感造成的；一是在当前社会急剧变动的时期，农村妇女对这种社会无所适从，既不知如何改变它，也不知如何适应它，在一种极度的浮躁、孤独、困惑的恐慌中走向自杀。农村妇女没有良好的文化教养，缺乏足够的生存能力，习惯于服从而未获得自主个性、独立人格，这都是农村妇女不可逾越的障碍，更可怕的是，物质和精神都很贫乏的生存环境。物质环境的改变要靠广大的农民艰苦创业，而精神生活环境的改变就需要文化生活发达地区的支援，期刊界也责无旁贷。

关心农村妇女的期刊应当关心农村妇女的婚恋问题、生殖健康与计划生育问题、教育问题、养老问题以及进城打工权益保护问题等，以此引导和教育广大农村妇女，使她们开阔眼界，告诉那些自认为无路可走的人，退一步海阔天空，一定还有其他的比自杀更好的办法和出路。关注农村妇女的期刊应走低价位、大发行的道路。价格是否恰当，是刊物能否实现读者定位的重要因素。刊物的价格必须根据特定读者群中的大多数读者的消费水平即经济承受能力作为前提，同时结合实现办刊宗旨的需要，在科学确定刊物的开本、版面、纸张和印刷的基础上加以确定（宋愚，1998）。农村生活的低水平决定了农村妇女一般不会花10多元、20元买一本既不能吃也不能用的期刊。本世纪初，这种状况也不会有太大的改变。因此，与其他种类的期刊比较，开本不宜大，版面不宜多，纸张不宜太好，印刷的档次不宜太高。其恰当度应该是既满足读者的阅读愿望，又不让读者感到太累；既让读者感到经济实惠，又保证期刊有相应的盈利（宋愚，1998）。要千方百计地吸引农村妇女这部分读者，力求以低价位获得让读者满意的质量。

二、科普期刊思考

1. 科普期刊的三性

科普期刊是科技期刊大家庭中的一员，具有科技期刊的一般属性，但同时又有其特殊性。一般来讲，科普期刊的读者面更宽泛，受众更多，比一般科技期刊具有更大的传播范围。

科普期刊和一般的科学技术期刊相似的地方，也就是科普期刊的最基本特征，就是它的文章有着严格的科学性。科学性是科普期刊的灵魂。如果科普期刊所刊发的内容缺乏科学性，不仅达不到普及科学知识的目的，甚至还会带来相反的作用，影响社会，毒害百姓，其危害程度比一般的科学实验要广泛得多，因为其发行面要广很多。可见，科学性是科普期刊的灵魂之所在。除此之外，科普期刊的特性表现在以下几个方面：

1) 广泛性与通俗性是科普期刊的实质

广泛性就是指所刊发的内容应当被广大读者所接受。不能被广大的读者接受的科普期刊，无法起到其科学普及作用，只有具备了广泛性，才能把知识带给群众。通俗性就是用浅显易懂的语言向人们宣传普及科学知识，切忌重视了科学性而疏于通俗性。不能用通俗的文字介绍科普知识，读者就很难接受期刊。

2) 趣味性是科普期刊的内在要求

科普文章的趣味性，可以增强科普期刊的可读性，科普期刊不同于生活类期刊，假若所登载的内容尽是一些枯燥乏味的理论、图形或数字，读者肯定是不愿意看的，也就达不到普及科学知识的目的。因此，增强科普文章内容的趣味性，才能提高科普期刊对读者的感召力，这也是精品科普期刊的内在要求。

3) 实用性是读者是否喜欢的一把尺子

科普期刊不仅要有科学性，还要有广泛的实用性。实用性应当是科普期刊所固有的特性之一，科普期刊应不断地将新兴的科学知识及时准确地传播给读者，介绍对读者有用的知识，让读者通过看期刊有所收获。倘若所刊发的内容尽是老调重弹或陈旧的东西，就必定要遭到读者的厌弃！所以科普期刊的实用性，可以说在某种程度上是读者是否喜欢的一把尺子。

2. 科普期刊的功能与作用

几经思索，笔者越来越感觉到，在人们的社会生活中，与其他期刊相比，科普期刊承担的社会责任比其他期刊更多，对社会的实用价值也更大。理由如下：

中国目前仅有457种科普期刊（中国科普研究所，2008），传播的是社会上所需要的能够为人们所接受的知识，面对的是男女老少都在内的13亿国民，是为提高国民的科学素质在奋斗、在拼搏，社会价值十分了得；与之相对比，国内目前有4758种科技期刊（中国科普研究所，2008），面对的是不到1亿的科技工作者，而且还被异化，成了评职称、评业绩、讲贡献的工具之一，而其科技知识的传播作用变得越来越小了，有些期刊几乎成为了人们戏称的"文化垃圾"。

科普期刊不同，它不"承担"评职称的义务，因为很多单位看不起科普文章作者所写的文章，不把此类文章称为科研成果，因而也挽救了科普期刊的命运不被异化和他用，其作用完全就是期刊本身所具有的作用，因而办刊规律也就是其固有的规律在起作用了。对国民需要科学文化知识，国民的科学素质需要提高，这个重任落到了科普期刊身上。

科技期刊太专业，需要有专业背景的人来看，不适合大众，因而一般大众也不会关心，尽管社会上人们对其关注度很高；学术期刊有宣传科技新进展的作用，但范围很小，只是在圈内宣传，圈外的人不会了解，也看不懂；要想让大众都了解某一科学知识，非得科普期刊（当然，还有其他更先进的媒体，这里不讨论）才能完成此重任，它们会用浅显易懂的文字，让大多数人看得懂，能明白。可见，在对科技知识的传播方面，科普期刊与学术期刊相比是略胜一筹了。

科普期刊发行量小的，可能也有几万份，发行数量大的可以达到上百万份，感兴趣的人都会去买来看，学了对自己有用；而学术期刊发行量大的，可能也不到一万份，发行量小的只有几百份。真的是十分悬殊！区区几百份期刊，还往往是在编委与作者手中，最多是保存于图书馆内。没有流通，怎么会有传播？

在科学文化的积淀方面，也许学术期刊的作用比科普期刊大一些？但有那么多的档案馆，有那么多的科技成果管理人员，有那么多的年鉴，均可以把好的科技成果整理存档了，还用科技期刊零散地保存吗？因为作者的科技成果，绝不可能在一种期刊上发表，他们往往会将一项成果拆分成多个论文，发表于不同的期刊。这样看来，科技期刊的这个作用，是不是也起不到了呢？

科普期刊，也许没有科学文化的积淀作用，但有用的知识能够传播给大众，植根于大众的脑海中，比存档要好许多倍了吧？

因此，笔者个人认为，国家与其投入这么大的人力、物力办学术期刊，不如多投入一点力量给科普期刊，让科普期刊壮大起来,更好地为提高国民的科学素质服务。因为在现实生活中,在我们的社会里,科普期刊的社会价值比学术期刊更大!

3. 科普创作是科技工作者应尽的义务❶

国务院 2006 年 2 月份发布《全民科学素质行动计划纲要(2006—2010—2020)》给出了科学素质的定义:"公民具备基本科学素质一般指了解必要的科学技术知识,掌握基本的科学方法,树立科学思想,崇尚科学精神,并具有一定的应用它们处理实际问题、参与公共事务的能力"(詹正茂和舒志彪,2008)。据"第八次中国公民科学素质抽样调查"结果显示:"十一五"期间,我国公民的科学素质水平明显提升,2010 年具备基本科学素质的公民比例达到了 3.27%,分别比 2005 年和 2007 年提高了 1.67 个百分点和 1.02 个百分点,但相比于日本、加拿大和欧盟等主要发达国家,我国公民科学素质只达到了其 20 世纪 80 年代末、90 年代初的水平。

早在 2006 年 1 月份,胡锦涛总书记在全国科学技术大会讲话中指出"坚持以人为本,让科技发展成果惠及全体人民"。如果老百姓不了解科技发展的最新趋势及其将对社会和个人产生的影响,不了解一些最新的科技产品,也就无法全面享受科技创新带来的实惠。因此,提高全体人民的科技素质,是使科技成果更好地惠及全体人民,使人民更好地参与到国家科技创新活动中来的必要条件。如何提高人民群众的科技素质?显然,科学普及工作担当着不可推脱的历史责任!

科学普及工作的简称是科普(中国社会科学院语言研究

---

❶ 此部分原文发表于《中国科技纵横》2011 年总第 113 期第 3 期第 243 页,收入本书时有较大修改与补充。

所词典编辑室编，1996）。搞好科普工作的前提是要有大量的优秀科普创作者。科普创作者可以分为专业作者和业余作者两部分。专业作者是指写作上、专业上已有一定成就的科学家、文学家、科普作家、翻译家等，这部分作者是科普创作的支柱，他们在社会上有一定的威望，对自己所从事的专业领域造诣颇深，其作品的质量较高，也较成熟。而且，他们的作品知名度高，在社会上得到广泛认可，能够得到很好的科普宣传效果。然而，无论是国内还是国外，专业的科普创作者都是有限的，并且他们也不可能深入到每个学科的科技前沿，更不可能对科学问题面面俱到，因而就需要大量目前正工作在科技一线、从事科普创作的业余作者群。

国外的许多科学家，都十分愿意在科研之余从事科普创作，因而他们大多数人都有科普工作经历。对他们来说，撰写科普文章尽管是业余爱好，但也同样是引以为自豪的事情。英国皇家学会每年都评选和颁发法拉第奖，以表彰在科普方面有突出贡献的科学家。被誉为"历史上最成功的科普大师"的美国著名科学家、科普作家卡尔·萨根说："科学普及，与我就像呼吸一样自然。"历史上许多科学家都很重视科普宣传，他们的科普作品，和他们的科学发现一样，对人类弥足珍贵。

但在中国，目前的科普创作者队伍情况并不乐观，科学普及出版社的编审吕秀齐用数字来说明科普创作队伍的后继无人："根据我们对科普作品较为丰富的78名科普作家统计，其中60岁以下的只有9人，只占总数的11.5%。尤其是在生物和医学领域，年轻科普作家更是寥寥无几。"科普创作队伍的青黄不接，势必造成科普作品的质量不理想，原创作品少，高质量稿件少。要想提高科普创作水平，首先要扩大科普创作者的队伍，队伍扩大了，数量增长了，必然会带来质量的提高。

科普创作者从何处而来？当然是从我国科技工作者队伍中来！当问及壮大我国科技创作队伍发展的主要群体时，有高达86%的被调查者认为科研工作者是应当发展的主要群体（詹正茂和舒志彪，2008）。2007年，我国的科学技术工作者大约有5160万人（数字来源于《第二次全国科技工作者状况调查报告》），可以说队伍相当庞大，如果其中能有10%的人员把科普创作当成是自己的义务，那么中国的科普创作队伍就会是一个实力强大的团队。然而，现在中国的科学家、院士并不少，但这些专业人士对科普创作往往并不熟悉，没有科普写作的经验；有创作能力的科学家从事科普创作，又受时间、精力等各方面的影响，创作科普作品有限。要求科学家积极投身科普活动也是《全民科学素质行动计划纲要》的要求，更是建设创新型国家的大势所趋（詹正茂和舒志彪，2008）。

原因何在？主要是科技工作者思想上不够重视，国家的政策也相当偏颇，这些都影响到了科普作品的创作。造成这一现象的原因很简单，因为，同样是一个具有一定能力的人，如果把时间和精力花在科研论文撰写上，那么加薪、晋职易如反掌，从而就能名利双收；但如果把时间和精力用在科普创作上，尽管付出了同样艰辛的劳动，不但其作品对晋职、评奖没有多少用处，而且往往会被人看作小儿科，不屑一顾。因此，造成了人们对科普创造缺乏原动力，大多数科学家乃至一般的科技工作者都不愿意从事科普创作。

抓好科普作者队伍建设的最关键问题是，想办法调动科技工作者科普创作的积极性。一是有关部门需制定必要的鼓励政策，将科普作品作为评职、晋级及业绩考核的依据。二是设立相应的奖项，科普创作奖等同于科技创新奖；三是适当培训有热情、有能力、愿意从事科普创作的科技工作者，让他们的自觉行为成为有序行为；四是提倡奉献精神，倡议科技工作者把科普创作当作自己的义务。

当然，我们不能强迫科技工作者从事科普创作，因为，科普作品需要作者有热情、有能力将枯燥难懂、乏味无趣的科学知识通过形象生动、活泼有趣的语言娓娓道来，也就是"会写、能写、愿意写"。毫不夸张地说，一篇好的科普作品创作难度绝对不亚于一篇内容接近的学术论文，因为它不仅要求作者有广博的知识面，还要求他具备深厚的文字功底。这就要求从事科普作品的创作人员"活到老，学到老"，不断完善自己的知识结构，保持一颗永远年轻而又好奇的心，不断创新，超越自己。

对于一般科技工作者，如何从事科普创作？"世事洞明皆学问"，生活中处处都有科学，因此，如果科普创作寓科学于生活当中，将自己所熟悉的科学知识与人们生活中耳闻目睹、密切相关的现象或问题结合起来，就会易于为人们所关注、了解、掌握，收到事半功倍的效果，并能够激发他们的兴趣（萧江，2003）。

科学技术突飞猛进，人民群众的科学水平普遍得到了提高，科普创作也应该向尖端技术领域挺进，不能再局限于过去时代的"小儿科"，这对提高全民科学文化素质是完全必要的。问题是，科普应让读者从中获得切身的实惠，应把"切实可用"放在第一位，不能把科普搞成空中楼阁、海市蜃楼（王忠军，2006），只有这样，科技工作者才能做好科普创作，才能真正尽到科普教育的义务。

如果中国的科技工作者能够把写科普文章看作是自己应尽的义务，中国的科普事业也就会红火起来，中国人的科学素质也就会有明显的提高！

参 考 文 献

1995 IMI 消费行为与社会形态年鉴（北京卷，上海卷和广州卷）[M]．北京：中国财政经济出版社，1996，99 – 106，94 – 101，90 – 96．

1997—1998 IMI 消费行为与社会形态年鉴 [M]．北京：中国物价出版社，1997，373 – 381．

1998—1999 IMI 消费行为与社会形态年鉴 [M]．北京：中国物价出版社，1998，519 – 539．

2000 IMI 消费行为与社会形态年鉴（上）[M]．北京：北京广播学院出版社，2000，622 – 644．

陈晓玲谋划，霍红主编．2000．中国精英女性大论坛——21 世纪我们做女人 [M]．长沙：湖南大学出版社．

池雨花．2001．《中国妇运》喜庆五十华诞 [J]．中国妇女报，2001 – 02 – 19．

高江波．2001．从 2000 年期刊状况看发展 [J]．出版广角，(2)：17 – 20．

高江波．1996．中国妇女期刊评述（上）[J]．出版发行研究，12 (1)：25 – 26．

高江波．1996．中国妇女期刊述评（下）[J]．出版发行研究，(2)：20 – 22．

高世瑜．1996．中国古代妇女生活 [M]．北京：商务印书馆国际有限公司．

耿成义．1998．编辑主体的读者意识 [J]．编辑之友，18 (3)：32 – 33．

胡文启，胡勋璧，吴乐平．1998．期刊出版三人谈 [M]．湖北武汉：湖北人民出版社：151 – 152，140，44 – 49．

蒋文杰.1998.宏观环境对期刊选题的影响及对策［J］.编辑之友,18(5):15-17.

李频.1998.空白点与生长点:创刊策划的出发点［J］.编辑之友,18(4):19-21.

李频.1998.期刊广告定位［J］.出版发行研究,14(2):46-47.

李频.2001.期刊策划导论［M］.河北石家庄:河北教育出版社:58.

李晓樱.2001.于平实中凸显时代主旋律——《知音》以正面宣传为主的报道艺术［J］.出版广角,(1):38-41.

莲子.2000.十九春秋,我和《家庭》这样走过［J］.出版广角,(11):16-20.

刘宁,李频.2001.以人文实践实现人文贡献——两位青年期刊人的思索与对话［J］.出版广角,(1):14-16.

刘绪乾.2001.期刊繁荣之道——兼议《妇女生活》的办刊实践［J］.出版发行研究,17(3):51-53.

罗琳主编.1994.中国期刊面面观［M］.北京:中国书籍出版社:241-245,289-294.

女报编辑部.1999.100期《女报》看过来——一个栏目的诞生［J］.女报,(4):卷首.

《女性月刊》编辑部.2001.《女性月刊》新世纪有新举措,2001年上半年将更名为《职业女性》［J］.女性月刊,(1):卷首.

石潇纯.2000.《知音》的成功对女性期刊的启示意义［J］.云梦学刊,(1):98-99.

宋应离主编.2000.中国期刊发展史［M］.开封:河南大学出版社:333,336,312,9.

宋愚.1998.关于大众普及型期刊的定位思考［J］.编辑之友,18(5):20-21.

黄敏忠.1998.关于妇女期刊编辑定位思考［J］.现代期刊编辑论丛,(第6辑):265-271.

王忠军.2006.科普期刊采编需随"心"所欲[J].今媒体,(5):44-45.

魏晓红.1998.异彩纷呈的女性期刊[J].编辑学刊,(3):36-37.

谢丽华主编.1999.中国农村妇女自杀报告[M].贵阳:贵州人民出版社.

萧江.2003.论科普期刊普及性之实现[J].编辑学报,15(5):324-325.

《幸福》编辑部.2001.关于去年和今年[J].幸福,(1):卷首.

詹正茂,舒志彪.2008.中国科学传播报告[M].北京:社会科学文献出版社:223,263,270.

张芬之.2000.《家庭》的魅力[J].新闻出版报,2000-08-08.

郑秀娟.2001.新时期妇女期刊研究[D].河南大学硕士论文.

郑秀娟.2002.新时期女性期刊的办刊方略[J].南通师范学院学报(哲学社会科学版),总第69期(1):157-160.

郑秀娟,宋相辉,焦占平.2011.科普创作是科技工作者应尽的义务[J].中国科技纵横,总第113期(3):243.

周三胜.2001.期刊精品栏目简论[J].出版发行研究,17(1):55-57.

《知音》编辑部.1998.知音杂志社面向全国招聘编辑、记者启示[J].知音,(2):64.

《知音》编辑部.2000a.本刊举办第二届"知音新闻纪实作品大奖赛"公告[J].知音,(2):64.

《知音》编辑部.2000b.请您当"主编"[J].知音,(2):64.

中国社会科学院语言研究所词典编辑室编.1996.现代汉语词典(修订本)[M].北京:商务印书馆.

中国科普研究所.2009.中国科普报告2008[M].北京:科学普及出版社.

后　记

法官·教师·编辑[1]

高中二年级时分文理班，可能是受电影《蓝色档案》的影响太深，我一心一意想学文科，将来上大学时读法律系，当女法官。关系好的同学劝我说：法官受政治左右十分厉害，一旦有"运动"就会受到牵连，千万别学法律，否则将来会后悔；父亲也说学文科没有学理工科好，假若学理工，将来可以改文；倘若学文科，想改理工可就太难了。我一想，似乎的确如此，现代名人中就可以找出若干这样的例子，于是进文科班的决心也动摇起来。由于意志不坚定，怀着遗憾、不情愿和无可奈何的心情走进理科班。心想：威严神气而又神秘的法官呀，今生与你无缘了。如今三十年过去了，看到法律在社会上起到的作用越来越大，极其热门，我的心中便又会有一些活动：若是当时意志坚定，现在即使不是法官，也能当一个伸张正义、惩恶济善的律师。

临近高考时，教导主任找到我，说有两个河北师范大学的保送名额，问我愿不愿意去读师大，将来回校当教师，若去的话，就不用参加高考了。那时我心中如有十五只吊桶打水——七上八下，害怕高考却又不愿意放弃高考，再说，尽管我当时

---

[1] 该文发表于《编辑之友》1997年第17卷第5期第64页，收入本书时有较大改动。

还没有确定将来干什么，当教师也不是我最理想的职业，而且，知心姐姐般的化学老师告诉我说：你还是不去的好，否则，等高考过后，你看到平时学习成绩不如你的同学比你上的大学好，你肯定会后悔的；父母也希望我能当医生。我便放弃了被保送的机会。

没有保送上河北师范大学，没有听从父亲的安排去学医（害怕打针，更怕手术），也没有上农业院校去实现改变家乡落后面貌的"宏伟抱负"，确神使鬼差地去学了石油地质。大学毕业分配时，我如愿来到了石油企业。选择职业时又萌发了当教师的想法，很想去职工大学教书，这样既可以丰富人生经历，又能锻炼我的口才，以后无论从事什么工作都有好处。然而管理局干部处负责分配的人说没有名额，我只好服从分配到一个采油厂地质队从事科研工作。踏踏实实地奉献了5年青春后，我发现基层科研与其说是科研，还不如说是生产管理，这离我对事业的追求相差太远。尽管单位非常器重我，毕业不到三年入了党，当了三年的青年标兵，当过局优秀团员、优秀党员，获得了管理局首届重奖知识分子的荣誉，但我仍觉着我更适合搞真正的科研，每天都有创新、都有挑战或许更适合于我，而且，我也怕光环会把我压趴下，就寻找机会想调进研究院。就在我重新择业期间，一个偶然的机会，我得知《石油钻采工艺》编辑部特别需要人，就毅然决定到编辑部工作。

当上了编辑，我便有一种如鱼得水之感，认定自己找到了更合适的人生位置。因为科技期刊是新的科学理论、技术发明、科研成果的发表园地，你每次面对的都是新内容、新作者，每一篇文稿对编辑都是一份挑战，要求你思维不能墨守成规，知识要不断更新。我如痴如醉地爱上了以前从没有想到过的职业。同学、朋友得知我当了编辑，纷纷写信、打电话表示祝贺，他们一致认为我适合干这个工作。是啊，记得大学时同宿舍有位好友和我开玩笑，说我比较适合当外交官，平时沉默是金，一旦发言，便尖刻、锐利，刺中要害。这不爱说话的缺点如今正好当作优点用，因为科技期刊编辑不需要大吹大擂，需要的倒是严谨、准确、科学地编排一篇篇科技论文，剔除废话，留下精华，准确掌握每句话的尺度，对读者、作者、科学和历史负责。

要说编辑工作确实累，而且责任重大。整日埋头看文稿、改稿、校稿，日复一日，年复一年，一期接一期循环往复，没有喘息的机会，偶有到办公室看望我的朋友，看到我人更瘦了，眼睛更近视了，话更少了，就认为我选错了职业，说："编辑太累，也清苦，在社会上办事难；再说像你这样太认真的人，整日提心吊胆，生怕万一有'漏网之鱼'让读者看到影响杂志的声誉，尤其是对于公式多的文章，让你头痛而且更不敢大意，万一出错，就成了传播错误知识的罪人。不如换个工作，到哪里你都能干得很出色，不会像现在这样默默无闻、整日替别人做嫁衣"。但我一点也没有动摇的意思，因为编辑工作是我而立之年方才选定的职业，岂能不自我珍惜。

一晃在编辑岗位工作已近20年，在审稿、编稿、校对、与作者和读者的交往过程中，我突然将法官、教师和编辑联系到了一起。在审稿时，编辑就如同法官，要查阅一定的参考文献印证作者的观点、依据、引文的准确性，这就像法官办案时寻找证据一样；同时，也像老师给学生看作文，努力找出其中的不足或纰漏，使其更加严谨和完善，在提高作者文稿质量的同时，扩大自己的思路，增加知识。在对待一稿两投的稿件，在将其彻底"枪毙"时，就像法官将罪大恶极的犯人判了死刑一样痛快淋漓。作者在来信时，开首总称我为"郑老师"，让我感到无限的荣幸和骄傲。法官、教师、编辑是我人生择业的三大驿站，我越来越觉着，这三种看似风马牛不相及的职业，其实有着极其相似之处，那就是：认真，严谨，科学，公正。

由此看来，我并没有离开我少年时代的理想。

1997年发表本文时，文章最后写的是：我有两个愿望，一是有机会去读采油专业的硕士学位，一是有机会系统学习两年编辑学知识，即便不够资格拿硕士学位，起码弄个双学士也能凑合着守住我的编辑阵地，否则，有愧于我自封的"法官"称号，有愧于作者给予我的"老师"这一尊誉。现如今，可以说当初的两个愿望都实现了，我取得了编辑学研究方向的汉语言文字学硕士学位和沉积地质学研究方向的矿产普查与勘探工学博士学位，但学无止境，人生总有更高的目标需要我们不断地去追求，只有不断地学习，努力工作，才能跟上时代的脚步。人生不是为工资而工作，而是为了给社会做一点事、奉献自己的一点光和热而奋斗。无论从事什么职业，能够努力将其转化为自己热爱的事业最好！无论从事什么职业，只要秉承认真、严谨、科学、公正的态度，都一定会取得社会认可的成绩，在工作中实现自己的人生价值。